福建茶树

病虫害与天敌图谱

• 曾明森　吴光远　编著 •

中国农业科学技术出版社

图书在版编目（CIP）数据

福建茶树病虫害与天敌图谱 / 曾明森，吴光远编著. —北京：中国农业科学技术出版社，2014. 6

ISBN 978-7-5116-1689-0

Ⅰ. ①福… Ⅱ. ①曾… ②吴… Ⅲ. ①茶树—病虫害防治—福建省—图谱 ②茶树—害虫天敌—福建省—图谱 Ⅳ. ① S435.711-64

中国版本图书馆 CIP 数据核字（2014）第 113929 号

责任编辑 李 雪 胡 博 林海清
责任校对 贾晓红

出　　版 中国农业科学技术出版社
北京市中关村南大街 12 号　邮编：100081
电　　话（010）82109707　82106626（编辑室）
（010）82109702（发行部）（010）82109709（读者服务部）
传　　真（010）82106650
网　　址 http://www.castp.cn
经　　销 各地新华书店
印　　刷 北京建宏印刷有限公司
开　　本 880 mm × 1230 mm　1/32
印　　张 5
字　　数 125 千字
版　　次 2014 年 6 月第 1 版　2018 年 7 月第 3 次印刷
定　　价 36.00 元

前言

茶业是福建的十大支柱产业之一，茶树病虫害防治是茶叶种植中的重要环节，茶叶食品安全生产是茶业可持续发展的关键。福建是多茶类茶区，跨越华南茶区和江南茶区两个大茶区，病虫害种类多，优势种群组成有自身的区域特点。同时，福建是个生态强省，森林覆盖率居全国第一，生态条件良好，天敌资源丰富，有很好的保护和利用价值。了解并正确识别经济昆虫是病虫防控和天敌资源利用的基础。为此，本书立足福建实际情况，以福建省农业科学院茶叶研究所多年来的研究成果与实践经验为基础，参考文献资料，编写了福建茶树病害的发生为害、症状、病原、发生规律与防治方法，害虫的发生为害、形态特征、生活习性与防治方法，简要介绍了主要天敌种类，并配以从多年来采集的大量生态图片中选择的病虫害和天敌典型图片，以便于更直观识别，为广大茶叶科技工作者、茶叶生产者提供参考。本

书在主要害虫介绍后，对同类其他害虫只作简要介绍，希望能起到触类旁通的作用；一些害虫尽管有取食行为，但为害性并未明确，故只提供生态图片，不予详细介绍。

限于编者水平，书中可能存在一些疏漏、欠妥或错误之处，欢迎读者批评指正。

编 者

目录

第一篇　茶树主要病害

第二篇　茶树主要虫害

第三篇　茶树害虫天敌

第一篇　茶树主要病害

1. 茶云纹叶枯病

分布及为害　茶云纹叶枯病又名茶叶枯病。分布普遍。主要为害成叶和老叶，其次为害嫩叶、枝条、果实；严重发生时，枯褐叶片遍布树冠并陆续脱落，枝梢回枯，促使树势衰弱。幼龄茶树严重受害可致全株枯死。

症　状　成叶和老叶发病时叶尖、叶缘先见淡黄绿色、水渍状病斑，渐扩大变褐色，后病斑不规则或弧形，从中央向边缘渐灰白至灰褐色，边缘黄绿色，或现云状、波状轮纹，后期病斑上产生灰黑色扁平圆形小粒点，沿轮纹排列；叶背病部淡黄褐色，微现小黑点，边界明显。幼芽、嫩叶上的病斑为褐色，圆形，后期常相互愈合，并渐变为灰色，可使幼芽全部凋萎枯死。嫩枝上的病斑呈灰褐块状，后转灰色，稍下陷，上生灰黑色扁圆形小粒点，罹病后嫩枝由绿色转灰色，可由梢部向下发展至木质化的茎部，引起回枯，逐渐枯死；果实病斑为黄褐、圆形，后变灰色，有时病部开裂，斑上有小黑粒点。

病　原　该病病原菌属半知菌，无性世代为刺盘孢属（*Colletotrichum camelliae* Massee），有性世代为球座菌属 [*Guignardia camelliae*（Cooke）Butler]。病斑上的小黑点即病菌的分生孢子盘；分生孢子长椭圆或草鞋底形，无色，单细胞，当中常有一油球；子囊壳黑褐色，子囊棍棒状，无色，内有 8 个子囊孢子；子囊孢子椭圆形或纺锤形，无色单细胞。

发病规律 以菌丝体或分生孢子盘在树上病组织或土表落叶上越冬。翌年春天形成分生孢子，遇水萌芽，从表皮、气孔或锯齿部侵入，经过 5 ～ 18 d 出现新病斑，以后再次产生分生孢子随风吹、雨溅及昆虫带菌传播蔓延，有性世代仅在初夏及秋季多雨潮湿时出现，在侵染循环中所起作用不大，分生孢子在侵染中起主要作用。该病病原菌系兼性腐生菌，其他生物和非生物因素导致的伤口、病斑及树势衰弱可诱发该菌侵染为害。该病是一种高温高湿型病害，气温 27 ～ 29℃、相对湿度 80% 以上时，最适宜发病，在适温条件下，降雨和高湿是病害流行的主导因素。在福建全年均可发病，闽东 3 ～ 12 月均属发病流行期，4 ～ 6 月、9 ～ 11 月发病最盛，7 ～ 8 月常在雷雨、台风雨后严重发病。

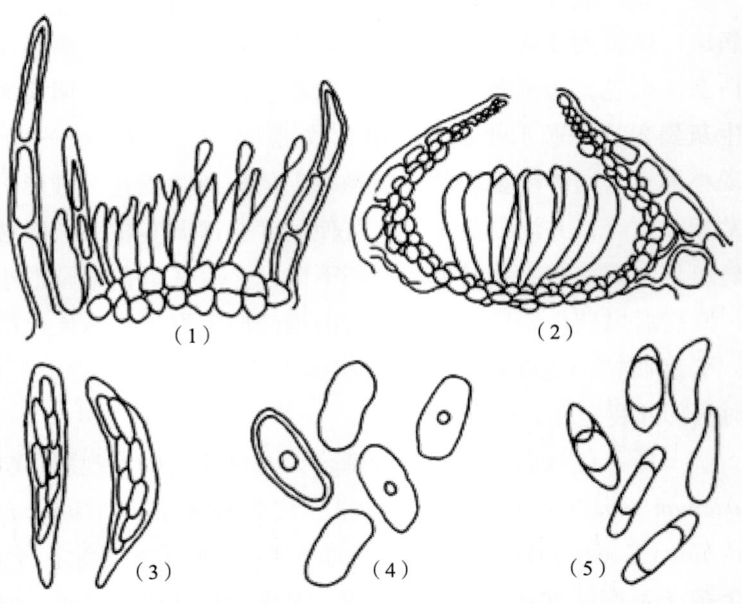

（1）病原菌的分生孢子盘　（2）病原菌的子囊壳　（3）子囊
（4）分生孢子　（5）子囊孢子

茶云纹叶枯病病原

防治方法　(1)秋茶结束后，摘除树上病叶，清除地面落叶，并及时带出园外予以处理，或结合冬耕将土表病叶埋入土内，促进腐烂，杀死病菌，以减少翌年初侵染源。(2)加强茶园管理，勤除杂草，配施磷钾肥，做好抗旱、防涝、防冻及治虫工作，以增强抗病力。(3)药剂防治，局部新梢病叶增多时(即发病盛期前)可选用75%百菌清可湿性粉剂800～1 000倍液，50%多菌灵可湿性粉剂1 000倍液，50%苯菌灵可湿性粉剂、70%甲基托布津可湿性粉剂各1 500倍液或10%多抗霉素500～1 000倍液进行防治。非采摘茶园可喷施0.7%石灰半量式波尔多液，15 d后酌情再喷一次。

茶云纹叶枯病症状

2．茶炭疽病

分布及为害 分布普遍。主要为害当年生成叶和嫩叶，也可为害老叶，严重时常致大量落叶，树势衰弱，产量下降；苗地发病时，常迅速蔓延落叶，甚至整畦秃苗，往往新叶长出前母叶已病枯，成苗率大大降低。

症 状 病斑多从叶缘或叶尖产生，初为暗绿色水渍状圆点，后渐扩大成红褐色或淡褐色不规则形大病斑，几乎延占半叶，常以主脉为界，表现为半叶病斑，病斑最后变灰白色，上密集散生细小突出黑点，边缘有黄褐色隆起线，与健部界限明显。有数个病斑时，常相互融合成大斑。病部皱缩，质脆易破裂，常使叶片畸形。

病 原 该病病原菌为半知菌，属茶长圆盘孢炭疽病菌（*Discula theae-sinensis* Miyake）。病斑上的小黑点即分生孢子盘，分生孢子梗无色，单细胞，顶端各生一个分生孢子；分生孢子无色，单细胞，比茶云纹叶枯病的小很多，纺锤形，两端稍尖，内有 1 ～ 3 个（常见的是近两端处各有一个）小油球。

发病规律 以菌丝体或分生孢子盘在病叶上越冬，翌年当气温升至 20℃、相对湿度 80% 以上时产生分生孢子，主要借雨滴的溅散或农事活动人为传播，在水滴中萌发并侵入茸毛，8 ～ 14 d 潜育后，出现小病斑，经 15 ～ 30 d 扩展，形成 10 ～ 20 mm 大病斑，并产生分生孢子，进行再次侵染。该病是一种高湿型病害，对温度适应范围较广，温度 25 ～ 27℃、高湿条件下最有利于病菌的发育和再侵染，低于 15℃一般不发病。在福建几乎全年可见新病叶，在闽东雨季及多雨年份常严重发病，以梅雨和秋雨季节发生最盛。遮阴苗圃、树势衰老、排水不良以及偏施氮肥、新梢抽长过旺、持嫩性好的茶园最易发病。

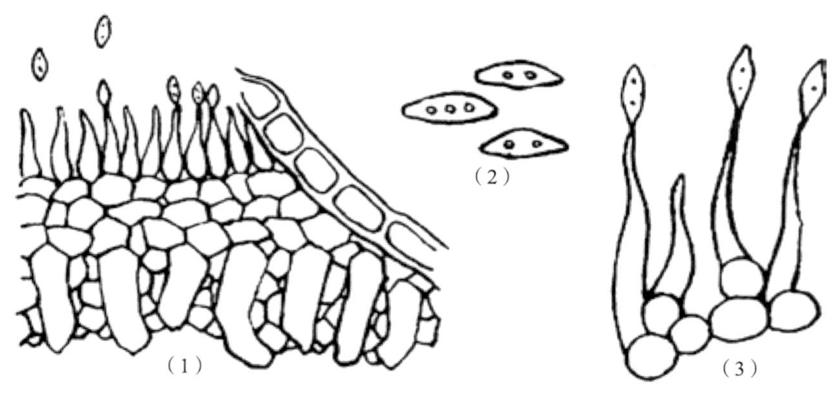

（1）病原菌的分生孢子盘　（2）分生孢子　（3）分生孢子梗

茶炭疽病病原

茶炭疽病为害状与症状

防治方法　（1）加强茶园管理，增施有机肥，平衡施肥，提高茶树抗病力，减轻发病。（2）搞好茶园清洁工作，及时清理病叶，防止病菌传播；及时分批多次采摘，少留养，抑制病菌孢子形成与传播。（3）秋茶结束后或春茶萌芽前，喷施 0.6% ～ 0.7% 石灰半量式波尔多液进行预防。（4）发病初期选用 99% 矿物油乳油 100 倍液、70% 甲基托布津可湿性粉剂

1 000 ～ 1 500 倍液、50% 苯菌灵可湿性粉剂 2 000 ～ 3 000 倍液、10% 苯醚甲环唑水分散颗粒剂 1 000 ～ 2 000 倍液、75% 百菌清可湿性粉剂 1 000 倍液等喷雾 1 ～ 2 次进行防治。

3．茶轮斑病

分布及为害 分布普遍。主要为害成叶和老叶，也可为害芽梢，严重时致枯枝落叶，树势衰弱，产量下降；在扦插苗地发病会降低成苗率。

症　状 叶片症状有两种类型。轮纹型发生在成叶和老叶上，常先从叶尖、叶缘向内或伤口向四周产生黄绿色小斑点，后扩大为圆形、椭圆形甚至不规则形的褐色大型病斑，边缘有褐色线状隆起明显边界。后期病斑中央变灰白色与灰褐色相间的同心圆状轮纹，在潮湿条件下沿轮纹出现浓黑色墨汁状小粒点（病菌的子实体分生孢子盘），这是茶轮斑病的区别特征，背面灰褐色，轮纹不显著，稍有黑点，边界不明显。云纹型病斑产生在嫩叶上，多从叶缘开始向内扩大，灰色与褐色不均匀而成云状，无明显轮纹，边缘只有褐色晕，无明显边缘，黑点不明显或有时聚成黑茸状，病斑常相互连合，甚至叶片大部分布满褐色枯斑；嫩叶为害也有自叶尖沿叶缘向内逐渐变为褐色，病斑不规则，严重时芽叶成枯焦状，上面散生许多扁平状黑色小点。枝枯型引起茶树嫩梢自上而下发黑枯死，产生枝枯症状，扦插苗受害后大批死亡。

病　原 该病病原菌为半知菌的拟盘多毛孢属茶轮斑病菌[*Pestalotiopsis theae*（Sawada）Steyaert]。病斑上小黑点即分生孢子盘，分生孢子纺锤形，有 5 个细胞，两端细胞透明无色；轮纹型中间 3 个细胞暗褐色，比较等宽，顶端附属丝 3 ～ 4 条；云纹型中间 3 个细胞仅上方 2 个细胞暗褐色，下方 1 个细胞淡褐色，自上而下渐窄，顶端附属丝 2 ～ 3 条。

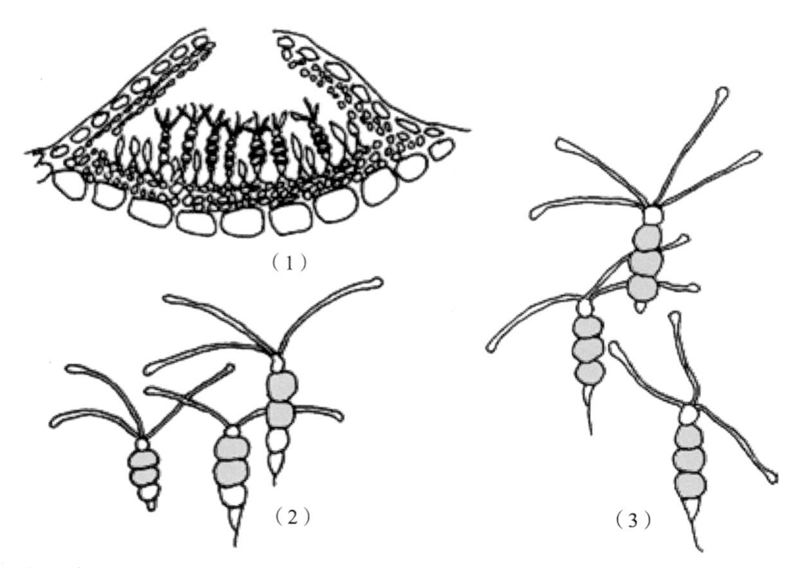

（1）病原菌的分生孢子盘 （2）云纹型症状分生孢子 （3）轮纹型症状分生孢子

茶轮斑病病原

发病规律 该病以菌丝体或分生孢子盘在病叶、梢内越冬。翌年环境适宜时，形成分生孢子，借气流、风、雨、虫等传播，孢子在水滴中萌芽，茶轮斑病菌是一种弱寄生菌，尤其需要从伤口处侵入，1～2周后产生新病斑，以后不断进行再侵染。该病是一种高温高湿型病害，气温25～28℃、相对湿度80%～85%时，适宜于该病的流行，夏季骤晴骤雨的情况下，会使病害迅速发展，一般在高温高湿的夏秋季节发病较重。管理粗放的茶园和衰老茶园易于发病，机采、修剪、捋采和虫害严重的茶园为害重，排水不良的茶园、密植和扦插苗圃为害较重。该病与茶云纹叶枯病具有相互抑制作用。

防治方法 （1）加强茶园管理，培育壮树，提高抗病力。（2）建立良好的茶园排灌系统，促进通风透光，降低环境湿度，以减轻发病。（3）防止捋采、强采等人为过度制造伤口，以减少侵染机会。（4）及时防治害虫，避免为害伤口诱致病害侵染。（5）春茶结束后和机采、修剪后，或在发病初期，选用 50% 苯菌灵可湿性粉剂 1 000 倍液、50% 多菌灵可湿性粉剂 1 000 倍液、70% 甲基托布津可湿性粉剂 1 000 ～ 1 500 倍液等酌情喷施 1 ～ 2 次（间隔 10 d 左右）防治。扦插苗圃在高温高湿季节或温室苗圃都应及早喷药防治，以预防茎腐症状的出现。

茶轮斑病症状

4. 茶白星病

分布及为害　分布各茶区，主要为害新梢嫩叶，影响新梢生长，病叶制茶味苦、色浑、易碎、异臭。

症　状　嫩叶染病时初生针头大小的褐色小点，后渐扩大成圆形小病斑，直径 0.5 ～ 2.0 mm，中间红褐色，边缘有暗褐色稍微突起的线纹，病健部分界明显，成熟病斑中央呈灰白色，凹陷，散生黑色小点，边缘具暗褐色至紫褐色隆起线。多个病斑常相互融合成不规则形大斑，叶片变形或卷曲，叶脉染病时叶片扭曲或畸形。嫩茎和叶柄发病时初呈暗褐色，后呈灰白色，病部亦生黑色小粒点，严重时可蔓及全梢，病梢节间长度明显短缩，嫩茎上着生的叶片常出现扭曲畸形，病部以上的组织最终枯死。

病　原　该病病原菌为半知菌叶点菌属茶叶叶点霉（*Phyllosticta theaefolia* Hara）。病斑上的小黑点是病菌的分生孢子器，球形至扁球形，直径 50 ～ 80 μm。初期无色，渐变成乳白色，然后浅褐色，最后呈黑褐色，顶端具乳头状孔口，初埋生，后突破表皮外露，以 1 个孔口居多，孔口直径为 17 ～ 33 μm。分生孢子椭圆形至卵形，单胞，无色，壁薄，大小为（3 ～ 5）μm×（2 ～ 3）μm。

发病规律　以菌丝体或分生孢子器在病叶、新梢或落叶上越冬，翌年春季，当气温升至 10℃以上时，在有水湿条件下，病斑上形成分生孢子或器孢子，借风雨传播，在叶片有 5 h 湿润（叶面游离水）的条件下孢子萌芽，从幼嫩芽梢叶片气孔或叶背茸毛基部细胞侵入，潜育期短，一般仅 1 ～ 3 d，开始形成新病斑，病斑上又产生分生孢子，进行多次重复再侵染，使病害不断扩展蔓延，导致流行。该病是一种低温高湿型病害，低温并持续多雨的春茶季节，最适于孢子形成，进行多次侵染，引起病害流行。高湿多雾、气温偏低的高山茶区以及幼龄茶园容易发病。土壤瘠薄，长势一般的茶园容易发病。

防治方法 （1）加强管理，增施磷钾肥，合理采摘，增强树势，提高抗病力。（2）茶季分批及时合理采摘，可减少再侵染机会。（3）严重发病的茶区在春茶萌芽鱼叶展开期喷药保护，可选用 70% 甲基托布津或 50% 多菌灵可湿性粉剂 1 000 倍液、75% 百菌清可湿性粉剂 800 倍液等，或在发病初期施药防治，隔 7 ～ 10 d 再喷 1 ～ 2 次。非采茶期或幼龄茶园可喷施 0.6% ～ 0.7% 石灰半量式波尔多液进行防治。

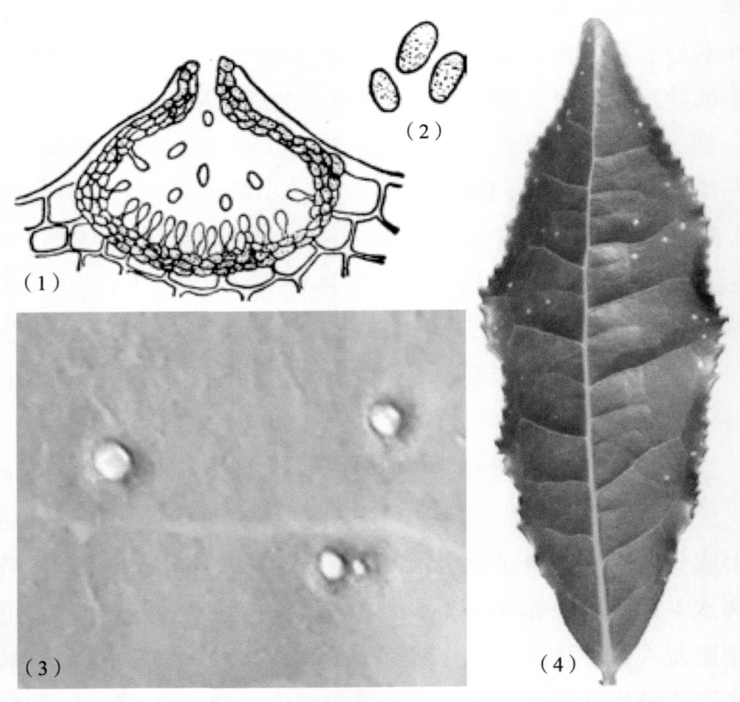

（1）茶白星病病原菌分生孢子器　（2）器孢子（仿陈宗懋 1989）
（3）病斑放大　（4）症状

茶白星病

5. 茶圆赤星病与茶褐色叶斑病

茶圆赤星病和茶褐色叶斑病是我国茶树重要病害，鉴于交叉接种的症状表现，以及侵染循环和流行条件的相似性及相关性等，有学者从病原菌的分生孢子大小、分隔数等形态特征进行比较，认为两病病原属于同一个种，其症状只是在不同叶位上的表象。因此，尽管未见两病同时为害流行的研究报道，仍视为同一种病害介绍。

分布及为害　分布各茶区。表现为茶圆赤星病时为芽梢病害，主要为害嫩梢，以嫩叶为主，致产量降低，品质下降，也为害成叶，致树势衰退；表现为茶褐色叶斑病时为叶部病害，为害茶丛中上部成叶和老叶，严重时引起成叶和老叶大量枯焦脱落，致树势衰退，也可为害嫩叶。

症　状　茶圆赤星病与茶褐色叶斑病的病原在茶树上表现有3种症状。第一种是在茶树成叶和老叶上（偶尔在嫩叶上）出现褐色小形斑点，由叶缘开始，渐扩大成半圆形或不规则形褐色病斑，大小不一，后期成紫褐色斑块，病斑和健部交界处无明显分界线，似冻害，但在病斑上常生有小黑点状的菌丝块，在潮湿条件下，病斑上形成灰色霉层，将病叶从水平方向对光观察，可见病斑部簇生细毛状的病原菌孢子梗和孢子，这种症状称之为褐色叶斑病。第二种症状是在叶面上初生褐色小点，后形成小型圆形褐色病斑，大小0.8～3.5 mm，病斑中央凹陷，灰色，边缘有暗褐色至紫褐色隆起线，与健部界限明显，后期在病斑中央散生黑色小粒点，病斑常相互愈合成不规则的大病斑。嫩叶上的症状与茶白星病近似，但中央部凹陷处颜色较深，且在潮湿条件下可产生灰色霉层。在成叶上的病斑较大，与第一种症状相近。这种症状称之为茶圆赤星病（嫩叶）和茶褐色圆星病（成叶）。第三种症状是在成叶和老叶背面先形成许多针头大小的隆起斑，以后相互愈合成片，病部海绵组织细胞扩大，因此，一般比正常部分厚1～2倍，病部有菌丝体，但不形成分生孢子，这种症状称之为茶绿斑病。

病　原　该两病病原菌为半知菌尾孢属茶尾孢（*Cercospora theae* Breda de Haan），在病斑上黑色小粒点是病原菌的菌丝块，灰色霉层是丛生的分生孢子梗和分生孢子。茶圆赤星病病斑的分生孢子梗灰色，单孢，顶端稍弯曲，大小为（12～30）μm×（3～4）μm。分生孢子鞭状，由基部向端部渐细，略弯曲，无色至灰色，有分隔4～6个，大小为（42～106）μm×（2.5～3.5）μm。而茶褐色叶斑病的分生孢子梗有0～5个横膈膜，大小为（12.0～74.8）μm×（2～3）μm，分生孢子有横膈3～7个，大小为（40.8～97.9）μm×（1.7～3.3）μm。

发病规律　以菌丝体或菌丝块在病叶或落叶中越冬，翌年春季，病斑上形成分生孢子，借风雨传播，部分绿斑病症状也在此时可变为褐色圆赤星病症状和褐色叶斑病症状，并形成分生孢子，实行再侵染。该病是一种典型的低温高湿型病害，在春秋雨季发病最盛。夏季在高湿多雾气温偏低的高山茶区及平原低洼阴湿的茶园容易受害，管理不善、树势衰弱的茶园也容易发病。

防治方法　（1）结合采摘及时摘除病叶，集中烧毁，减少侵染来源，可减少发病。（2）加强管理，平衡施肥，合理采摘，清沟排渍，防寒防冻，促使树势健壮，以提高抗病力。（3）冬季清园，剪除病叶，清除枯枝落叶，适当修剪，促进通风透光。（4）药剂防治，发病初期及时喷洒70%甲基硫菌灵可湿性粉剂1 000倍液或50%苯菌灵可湿性粉剂1 500倍液、50%多菌灵可湿性粉剂800倍液、75%百菌清可湿性粉剂800倍液，非采摘茶园封园后也可选用0.7%石灰半量式波尔多液、12%松脂酸铜乳油600倍液、50%硫悬浮剂1 000倍液等。

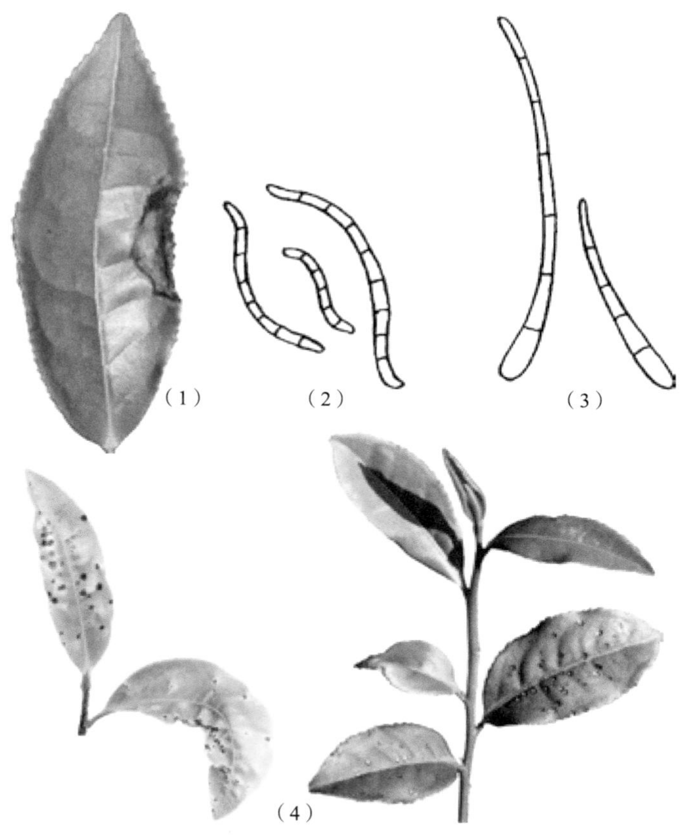

（1）茶褐色叶斑病症状　（2）茶褐色叶斑病病原菌分生孢子
（3）茶圆赤星病病原菌分生孢子　（4）茶圆赤星病症状

茶圆赤星病

6. 茶赤叶斑病

分布及为害　分布普遍。为害成叶和老叶。病斑大，严重时造成大量叶片焦枯脱落，影响茶树树势，产量下降，抗逆性降低。

症　状　染病叶片先于叶尖或叶缘出现淡褐点病斑，渐扩大为不规则赤褐色斑，病斑大型，色泽均匀一致，其上无轮纹，边缘常有深褐色隆起线，与健部分界明显。后期病斑上生有许多稍微突起的黑色小粒点，叶背病斑黄褐色，较叶面色浅。

病　原　该病病原菌属半知菌叶点霉属茶生叶点霉菌（*Phyllosticta theicola* Petch）。分生孢子器在叶片两面均可形成，球形或扁球形，黑色，大小（75～107）μm×（67～92）μm，器壁由薄壁组织构成，构成的细胞多角形，大小4～10μm，分生孢子器有孔口，成乳头状突起，直径7～10μm，器孢子广椭圆形，单孢，无色，大小（8～11）μm×（6～7）μm，内有1～2个油球。

发病规律　以分子孢子器或菌丝体在病叶组织中越冬，翌年5月，产生分子孢子，在有水湿的条件下释放，随风雨及雨水的溅泼而传播，直接或从伤口侵染叶片。该病属高温低湿型病害，全年以夏季高温干旱期发生最盛。高温干旱引起的灼伤、树势衰弱易引致侵染。茶树不同品种对茶赤叶斑病抗性差异显著。

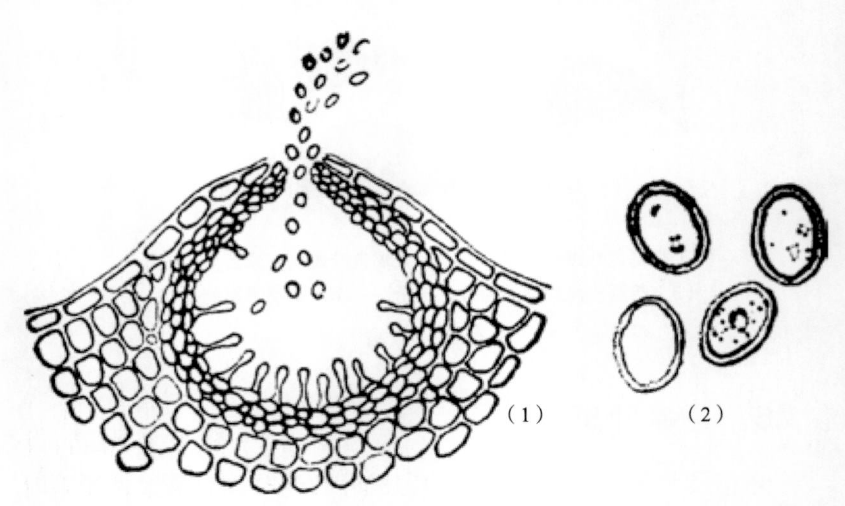

（1）病原菌的分生孢子器　（2）器孢子

茶赤叶斑病病原（仿陈宗懋，1989）

防治方法　（1）夏季采取遮阴防晒、喷灌防旱、铺草保墒等措施，以抑制发病。（2）夏季干旱到来之前选用25%灭菌丹可湿性粉剂400倍液、50%苯菌灵可湿性粉剂1 000～1 500倍液、70%多菌灵可湿性粉剂800～1 000倍液、70%甲基托布津可湿性粉剂1 000～1 500倍液喷雾防治。

茶赤叶斑病为害状

7. 茶芽枯病

分布及为害　主要分布我国江南和江北茶区。仅在春茶期为害新梢的幼芽和嫩叶，成叶、老叶和枝条不发病。罹病病叶枯焦扭曲，病部易破裂，芽梢生长明显受阻，直接影响产量和品质。

症　状　嫩叶染病开始在叶尖或叶缘产生黄褐色病斑，以后扩大成不规则形，边缘有一条深褐色隆起线，有时边缘不明显。后期病斑上散生黑褐色细小粒点，以叶片正面居多，病叶易破裂扭曲。春茶萌芽时起，幼芽、鳞片、鱼叶均可褐变，病芽萎缩不能伸展，后期呈黑褐色枯焦状。茶芽枯病和春茶期嫩叶上发生的“黄化病”（病原尚未明确）易混淆。两者的主要区别：茶芽枯病在叶片上有明显的褐色病斑，后期病斑上生黑褐色小粒点，而“黄化病”的病部无黑褐色小粒点，且表现为整个新梢叶片发黄的系统症状。

病　原　该病病原菌为半知菌叶点霉属（*Phyllosticta gemmiphliae* Chen et Hu）。分生孢子器散生于芽叶表皮下，成熟时突破表皮外露，球形至扁球形，大小为（90 ～ 234）μm×（100 ～ 245）μm，器壁薄，膜质，褐色或者暗褐色。顶端有乳头状突起的孔口，孔径 23.4 ～ 46.8 μm。分生孢子椭圆形、圆形或卵圆形，无色，单胞，大小为（1.6 ～ 4.0）μm×（2.3 ～ 6.5）μm，周围有一层黏液，内有 1 ～ 2 个绿色油球。

发病规律　病原菌以菌丝体和分生孢子器在树上病叶或越冬芽叶中越冬。翌年春天气温上升至 10℃以上、相对湿度在 80% 左右时形成分生孢子，在水湿中释放孢子，并随雨水溅泼而传播，侵染幼嫩芽叶，7 ～ 10 d 出现明显症状，在春茶期经多次侵染，直至流行。春茶萌芽期 3 月底至 4 月初开始发病，4 月中旬至 5 月上旬（春茶盛采期）为发病盛期，5 月下旬至 6 月上旬（夏茶期）病情发展重，6 月中旬以后停止发病。该病是一种低温型病害，当最高气温持续 29℃以上时停止发病。一般早芽种、芽梢茶多酚含量低的品种易感病。

防治方法　（1）在春茶期实行早采、勤采，尽量少留嫩芽叶在茶树上，以减少病菌的侵染，抑制发病。（2）冬季清园，剪除病叶，减少菌源。（3）可选用 50% 托布津可湿性粉剂 800 ～ 1 000 倍液，70% 甲基托布津可湿性粉剂 1 000 ～ 1 500 倍液或 50% 多菌灵可湿性粉剂 800 倍液。停采茶园可喷洒 1% 石灰半量式波尔多液进行保护。一般在春茶萌芽期和发病初期各喷药 1 次，在发生严重的茶园，可在秋茶结束再喷药1次，全年喷药2～3次，以阻止病害的流行。

（1）为害状　（2）病原菌分生孢子器　（3）器孢子（仿陈宗懋，1989）

茶芽枯病

8. 茶饼病

分布及为害　又名疱状叶枯病、茶叶肿病，普遍分布主产茶区，是西南与中南茶区的重要病害，在福建仅局部茶园常年为害。主要为害茶树幼嫩组织，从幼芽、嫩叶、嫩梢、叶柄、花蕾到幼果均可为害。但以嫩叶嫩梢受害最重，病梢制成茶叶味苦易碎，严重影响茶叶产量和品质。

症　状　初期叶上出现淡黄色或红棕色半透明水渍状小斑，后渐扩大成淡黄褐色或紫红色斑，边缘明显，正面凹陷，表面平滑光亮，在叶片背面相应位置突起成饼状，上生灰白色粉状物。感病嫩叶均致扭曲变形。后期病斑上白粉消失或者不明显，病斑逐渐干缩，呈褐色枯斑，但病斑边缘仍为灰白色环状，病叶逐渐凋萎以至脱落。叶片上病斑多时可相互愈合为不规则的大斑。嫩芽、叶柄、花蕾、嫩茎、幼果被害，一般病部均表现为轻微肿胀，重的呈肿瘤状，有白粉状物，后期病部逐渐变为暗褐色溃疡斑。嫩茎上常呈鹅颈状弯曲肿大，受害部易折或者造成上部芽梢枯死。

病　原　该病病原菌属担子菌外担菌属（*Exobasidium vexans* Massee）。病斑背面隆起部分的白色粉状物为病菌的子实层。在菌丝体的顶部生担子，担子丛集，圆筒形或棍棒形，顶端稍圆，向基部渐细，单胞、无色，大小为（30 ～ 50）μm×（3 ～ 6）μm。成熟担子顶生 2 ～ 4 个小梗，小梗上顶生担孢子。担孢子肾形、长椭圆形或者纺锤形，单胞，无色透明，大小为（9 ～ 16）μm×（3 ～ 6）μm，萌动后产生 1 个膈膜，变成双胞担孢子，易脱落飞散。

发病规律　以菌丝体在病叶活组织中越冬或越夏。春秋季当平均气温为 15 ～ 20℃，相对湿度为 85% 以上时菌丝开始生长发育，产生担孢子，担孢子成熟后随气流、风雨传播，在水膜中发芽，侵入新梢嫩叶组织，产生新病斑，最后在叶片背面形成子实层，产生担孢子进行再次侵染。完成一个侵染循环周期只需 12 ～ 15 d。该病是一种低温高湿型病害。担孢子的形成、释放、萌芽及至侵入过程均必须在高湿条件下才能完成。同时担孢子对日光高度敏感，在阳光下暴露 0.5 ～ 1.0 h 即可死去。气温在 35℃，叶温 31℃下 1 h 即死亡。此外，病菌系专性寄生菌，病组织死亡后菌丝体也随着死亡；成熟的担孢子寿命短，经 2 ～ 3 d 就失去发芽力。因此，茶饼病的发病条件要求较严，发生地相对固定。气候条件和大量嫩叶的存在决定该病在各茶区的发生时间和发病程度，当月平均温度在 15 ～ 20℃，同时阴雨多湿的条件，是适于此病发生的有利条件，一般 3 ～ 5 月和 9 ～ 10 月间为害严重。高山、山谷、阴坡、遮阴等日照短、湿度大的茶园较容易发病，管理粗放、杂草丛生以及氮肥过量、台刈后新梢生长嫩旺的茶园也易发病。

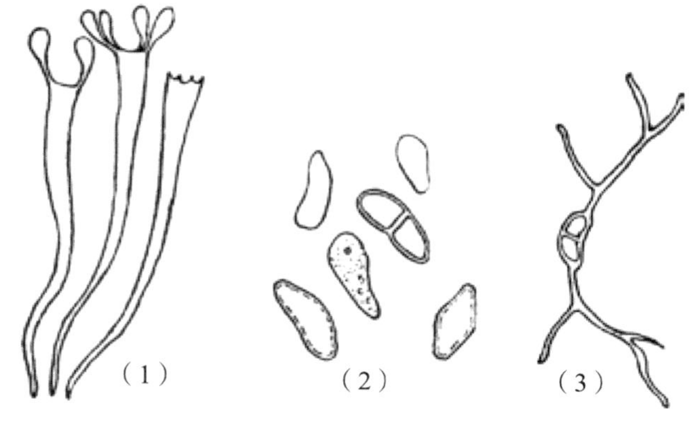

（1）病原菌担子　（2）萌发前后的担孢子　（3）担孢子萌发菌丝

茶饼病病原

茶饼病为害状

茶饼病症状

防治方法 （1）加强茶苗检疫工作，防止病菌传入新区。（2）勤除杂草，清除遮阴树木，适当修剪，促进通风透光，抑制发病。（3）低洼的茶园要进行清沟排水，降低湿度，抑制发病。（4）增施磷钾肥，增强树势，提高抗病力。（5）及时分批多次采摘，以减少侵染机会。（6）选择适当时期修剪和台刈，使新梢的抽生避过发病盛期。（7）冬季或早春及夏季结合茶园管理摘除病叶，可有效减少病菌基数。（8）加强预测预报，在病害流行期，如果连续 5 d 中有 3 d 上午平均日照数少于 3 h，或日降雨量在 2.5 mm 以上时，应进行喷药防治。采摘茶园选用 70% 甲基托布津可湿性粉剂、20% 粉锈宁可湿性粉剂 1 000 倍液、20% 萎锈灵乳油 1 000 倍液、75% 十三吗啉乳油 1 000 ～ 2 000 倍液、50% 比锈灵可湿性粉剂 1 000 ～ 2 000 倍液、10% 多抗霉素 500 ～ 1 000 倍液等喷雾防治。10 ～ 15 d 酌情再喷 1 次。非采摘茶园或幼龄茶园也可选用 0.6% ～ 0.7% 石灰半量式波尔多液、0.2% ～ 0.5% 硫酸铜液等进行防治。

9．茶网饼病

分布及为害 又名白网病、网烧病、白霉病。普遍分布主产茶区，为害不及茶饼病严重，仅局部茶园发生，福建闽北、闽东有发生。为害成叶、老叶和嫩叶，一般在中下部丛侧荫蔽枝条受害较重，受害后叶片脱落、枝条枯死，影响树势及产量。

症　状 先在叶缘出现针头大小淡绿色油渍状斑，边缘不明显，渐扩大成暗褐色不规则形，病叶变厚，但病斑不像茶饼病那样有凹凸的特征，并于叶背沿叶脉出现网状突起，故名网饼病。病斑上生白色粉状物，后期病斑枯焦，叶片脱落。茶网饼病一般不加害嫩芽，病菌可以由叶片通过叶柄蔓延至嫩茎部，引起回枯症状；也可从落叶的叶柄处侵入引起枝枯。后期常与云纹叶枯病、轮斑病同时并发。

病　原　该病病原菌为担子菌外担菌属（*Exobasidium reticulatum* Ito et Sawada）。叶背病斑上白色网状物是子实层。担子长棍棒状至圆筒形，大小（63 ～ 135）μm×（3 ～ 4）μm。顶端着生小梗 4 个，小梗上着生担孢子。担孢子单胞，无色，倒卵形或椭圆形，稍弯曲，大小（8 ～ 12）μm×（3 ～ 4）μm，发芽时生出 1 个膈膜，成为双细胞，从两端或一端长出芽管。

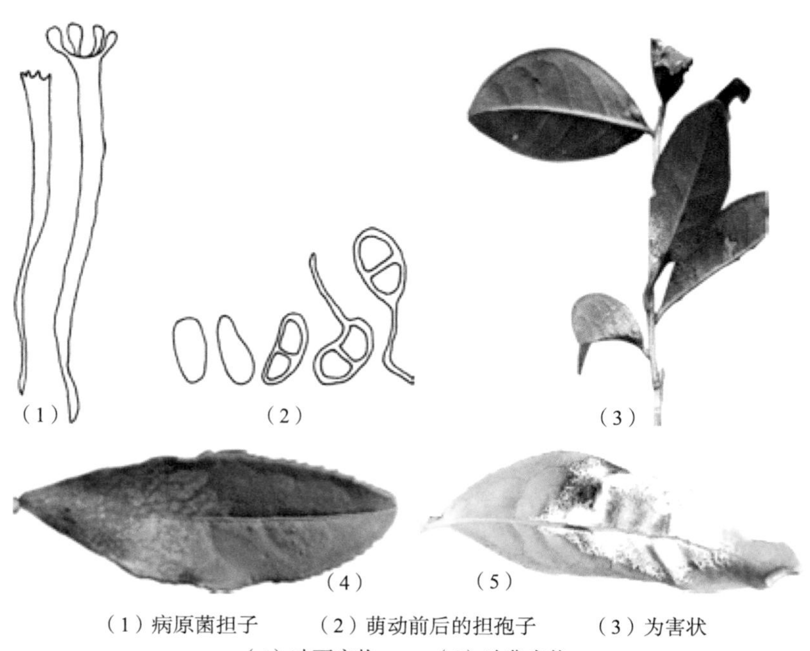

（1）病原菌担子　（2）萌动前后的担孢子　（3）为害状
（4）叶面症状　（5）叶背症状

茶网饼病

发病规律　以菌丝体在病叶中越冬或越夏。春季在潮湿的条件下，产生子实体与担孢子，借风力传播，当相对湿度高于 96% 时，孢子飞散，侵染叶片，经过 10 ～ 23 d 后，产生新病斑。约 2 个月后病斑上形成孢子，可以继续进行再侵染。担孢子在直射阳光或干燥条件下很快丧失萌芽力，孢子形成和发芽需要相对湿度近 100%（有水膜）。该病也是一种低温高湿型病害，发病条件和茶饼病很相似，一般 3 ～ 5 月和 9 ～ 10 月为害严重。

防治方法 参考茶饼病。

10. 茶红锈藻病与茶藻斑病

茶红锈藻病与茶藻斑病是由弱寄生性的绿藻寄生引起的 2 种藻类病害，20 世纪 50 年代起即有不少学者提出两病病原是同一种的两种类型，即前者具有较强致病力，属寄生性类型，在细胞间寄生，而后者属弱寄生，表生在角质层下。但由于未进行交互接种等研究，至今未有定论，很多刊物对两病作分别介绍。鉴于茶红锈藻病与茶藻斑病许多共同点及其未探明的差异，在此一并介绍，也方便诊断。

分布及为害 茶红锈藻病又名茶红锈病，是一种茶树茎、叶病害，主要为害茶树茎部，尽管叶片也常受害，但其为害性远不及茎，故常列为枝干病害。茶红锈藻病是南亚茶区重要病害，在中国主要分布南部和西南茶区，并向北发展。茶红锈藻病也可以为害老叶和茶果，并能分泌毒素，对茶树有毒害作用，以幼龄茶树上发病最为严重，感染此病后树势衰弱，大量落叶，对产量有明显的影响，甚至全株死亡。病原藻的寄主范围广，除茶树外，可为害林木、果树等近 500 种。

茶藻斑病又名白藻病，是一种常见叶病，主要为害老叶，影响树势。该病发生普遍，但为害性远不如茶红锈藻病大，一般不需专门防治。

症 状 茶红锈藻病为害枝条时，初期枝条上呈现针头大小的灰黑色小圆点，后逐渐扩大为圆形或卵圆形、梭形的大病斑，颜色灰黑色，病部逐渐扩大形成不规则大斑块，甚至布满整枝，颜色也逐渐转为紫黑色，在发育传播阶段，病斑上会产生铁锈色毛毡状物，严重时茶树枝条上下呈现铁锈色，以后产生橙红色绒状物。枝条受害后，病部产生裂缝及对夹叶，病枝上常出现杂色叶片，在侵染部位可能出现膨大，有时还形成环状剥皮。后期病树出现严重落叶，造成枝梢干枯，芽叶生长稀疏，甚至全树死亡。茶红锈藻病为害叶片时，最初在叶面上产生黄褐色针头状小圆点，扩展形成灰黑色圆形病斑，略突起，后形成大小不一的紫黑色大病斑，表面平滑，有时有一透明的绿色环围绕着病斑，病健部分界明显，一般病斑直径 1 ～ 10 mm，后期在病斑上长出放射状毛毡状物，藻体分泌色素使病斑呈铁锈红色，最后在病斑上形成一层绒状物，色泽红褐色。一般老叶上发病多，嫩叶上发病少，被害叶片大多失去原有色泽，呈现黄绿相间的杂色斑，如遇干旱，引致叶落枝枯。

茶藻斑病为害老叶，先散生针头状、近十字形、黄褐色或灰白色的附着物，并逐渐呈放射状扩大成直径 1 ～ 10 mm、灰绿色或黄褐色、有纤维状纹理、边缘不整齐的毡状物，最后毡状物表面平滑略突起，呈暗褐色或灰白色。病斑一般发生在叶面，叶背较少。

病　原　茶红锈藻病和茶藻斑病是由绿藻门头孢藻属病原藻寄生所引起的病害，在病枝或叶片上所见到的毡状物为病原藻的营养体，其上绒毛状物为病原藻的子实层，子实体生长有孢囊梗，顶端膨大，其上着生小梗，每小梗顶生一个游走孢子囊，圆形或卵形。游走孢子囊囊中产生 30 余个双鞭毛椭圆形游走孢子，成熟后遇水释出。

茶红锈藻病病原藻（*Cephaleuros parasiticus* Karst）孢囊梗的大小为（77.5 ～ 272.5）μm×（13 ～ 17）μm，顶端着生有 4 ～ 8 个或更多的小梗，游走孢子囊大小为（34.1 ～ 45.4）μm×

（28.5 ～ 35.6）μm。

茶藻斑病病原藻为（*Cephaleuros virescens* Kunze），其形态特征与茶红锈藻病病原藻类似，只是孢囊梗较细长，孢子囊较小。孢子梗长 270 ～ 450 μm，其上生有 8 ～ 12 个小梗，游走孢子囊大小为（14.5 ～ 20.3）μm×（16 ～ 23.5）μm。

发病规律　病原藻以营养体在病组织上越冬，翌年 5 ～ 6 月份在潮湿条件下，可产生孢囊梗和孢子囊，成熟的孢子囊易于脱落，孢子囊在水中释放出游走孢子，孢子囊和游走孢子随风雨传播，侵害茶树叶片。环境条件特别是湿度对侵染过程有很大的影响，游走孢子的形成、游动和萌发都在雨季进行。该病的病原藻是一种寄生性很弱的寄生植物，通常只能为害生长衰弱的茶树。因此，树冠密集、过度荫蔽、通风透光不良均有利于本病的发生。土壤瘠薄、缺肥、干旱、水涝、管理不良等原因可引起茶树树势衰弱，易于发病。

（1）病原菌孢子梗和孢子囊　（2）游动孢子

茶红锈藻病病原

防治方法 （1）开沟排渍，合理密植；适当修剪，通风降湿。适当增施磷钾肥，加强管理，提高茶树抗病力。（2）在发病高峰期前，喷施 75% 百菌清可湿性粉剂 800 ～ 1 000 倍液或 50% 多菌灵可湿性粉剂 800 ～ 1 000 倍液，以控制病害的发展。在非采摘茶园，也可喷施 0.6% ～ 0.7% 石灰半量式波尔多液或 0.2% 硫酸铜液加 0.1% 肥皂粉进行防治。

茶红锈藻病为害状与症状

茶藻斑病为害状与症状

11. 茶煤病

分布及为害 又名煤污病，是多种引起煤烟症状的病害合称，在全国普遍发生，福建茶区已知有10多种，最普遍的是浓色煤病，还有斑煤病、黑色煤病、毛煤病、褐色煤病、黑星煤病、黑点煤病等，往往混杂发生，其为害性类似，都污染枝叶，妨碍光合作用，抑制芽梢生长，导致减产，严重时树势衰退甚至枯死；同时污染芽梢，影响茶叶品质。

症 状 茶煤病发生在茶树枝叶上，但以叶片为主。叶表面初生黑色圆形或不规则形小斑，以后渐渐扩大，可布满叶面，形成一层黑色、褐色或黑褐色霉层，叶背面也可产生症状，但不如叶正面明显。枝梢也可产生煤病的症状。茶煤病的种类多，不同种类表现霉层的颜色深浅、厚度及紧密度不同。常见的浓色茶煤病的霉层厚而疏松，后期生黑色短刺毛状物。受害枝叶的上部枝叶上常可查见黑刺粉虱、蚧壳虫或蚜虫等，病菌主要以其排泄的蜜露为营养来源。

病　原　该病病原菌主要为子囊菌，茶树上茶煤病菌多属腐生性煤病菌，寄主范围广，菌丝体并不侵入茶树组织内部，是附生微生物。浓色煤病的菌丝体淡褐色、管状，有横膈及分枝，生在横隔处的星状分生孢子无色或暗褐色，4 个分叉上都有分隔；从圆筒形分生孢子器产生的椭圆形分生孢子，无色，单细胞；从圆柱形子囊壳产生的子囊呈棍棒形或长卵形，每个子囊内有 8 个子囊孢子，子囊孢子无色或暗褐色，长椭圆形或纺锤形，有 1 ～ 3 个分隔。

发病规律　病菌以菌丝体或子囊壳在病部越冬。翌年早春，在适宜的条件下子实体产生孢子，借风雨飞散枝叶表面，病菌从粉虱、蚧类或蚜虫的排泄物上吸取养料，附生于茶树枝叶上，并通过害虫的活动传播病害。粉虱、蚧类和蚜虫等害虫的存在是煤病发生的先决条件。荫蔽潮湿的生态条件、虫害严重的茶园，均适宜发病。

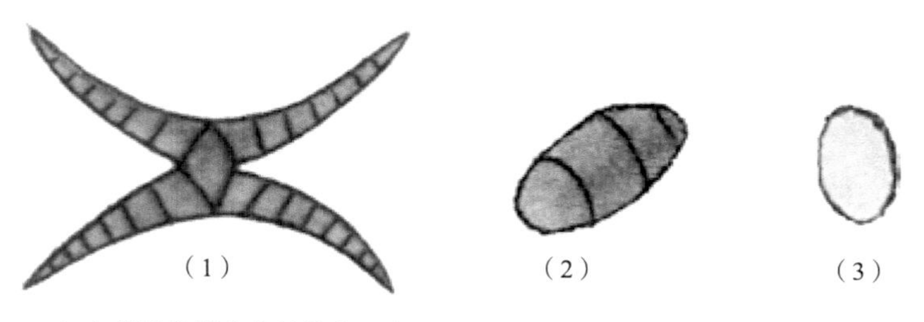

（1）茶浓色煤病菌星状分生孢子　（2）子囊孢子　（3）分生孢子

茶煤病病原

防治方法　（1）加强茶园害虫防治，控制粉虱、蚧类和蚜虫，是预防茶煤病的根本措施。（2）适当修剪，促进通风透光，抑制病菌生长；加强茶园管理，增强树势，减轻病虫为害。（3）早春或深秋茶园停采期，喷施 0.5 度波美度石灰硫黄合剂，防止病害扩展，还可兼治蚧、螨；也可喷施 0.7% 石灰半量式波尔多液，抑制病害的发展。

茶煤病为害状与症状

12．地衣与苔藓

分布及为害　地衣、苔藓分别是地衣门和苔藓植物门植物的总称，种类多，适应性强，分布广泛，许多种类附生于林木枝干上，茶树上的地衣、苔藓分别有 10 余种和 20 余种，吸取茶树汁液，妨碍生长，加快茶树衰老；同时，还有利于害虫潜伏，也会加重病虫的发生。

症　状　地衣根据外形分为叶状地衣、壳状地衣和枝状地衣 3 种。叶状地衣扁平，形如叶片，平铺在枝干表面，有的边缘反卷，仅以假根附着枝干，容易剥落；壳状地衣叶状体形态不一，紧贴于茶树枝干皮上，难以剥离，常见的有文字地衣，呈皮壳状，表面有黑纹；枝状地衣叶状体直立或下垂，呈树枝状分枝。苔藓是最低等的高等绿色植物，一般具叶茎状的营养体，以假根附着枝干树皮，其中，苔多为扁平的叶状体，藓有茎、叶的分化。

病　原　地衣是真菌和藻类的共生体，靠叶状体碎片进行营养繁殖，也可以真菌的孢子及菌丝体与藻类产生的芽孢子进行繁殖，真菌的菌丝体或孢子遇到自由生活的藻类即可形成地衣以营共生生活，真菌菌丝体吸收水分和无机盐，以部分提供藻类，而藻类依靠叶绿素合成有机物，以部分提供真菌。苔藓的有性繁殖体为叶茎状的配子体，配子体通过假根吸收茶树汁液，配子体产生卵和精子，在颈卵器中卵细胞受精形成合子，合子继续分裂形成胚，胚体分化为 3 部分发育成孢子体，生长在配子体上，其基部为基足，插入配子体吸取营养，中部为圆柱形蒴柄，支持孢蒴，即最上部的膨大物，并在其中产生孢子，以孢子随风雨传播为害茶树后再生长发育成配子体。

发病规律　地衣和苔藓以营养体在枝干上越冬。在早春开始生长，一般在 5 ～ 6 月温暖潮湿的季节生长最盛，7 ～ 8 月由于高温干旱，生长很慢，秋季气温下降，又迅速开始生长扩展，直至冬季才停止生长。在生活条件适宜时也迅速开始繁殖，产生的孢子经风雨传播，遇到适宜的寄主，又产生新的营养体。茶树地衣、苔藓的发生与环境条件、栽培管理及树龄有密切关系。老茶园、树势衰弱的茶园及管理粗放的茶园发病重，苔藓多发生在阴湿的茶园，地衣则在山地茶园发生较多。

防治方法　（1）加强茶园管理是防治地衣、苔藓最根本的措施。清除杂草，清洁茶园，清沟排水，适当修剪，增施肥料。对受害重的衰老茶树，宜行台刈更新，台刈后要清除丛脚，并对缺口喷药保护。（2）药剂防治可选用 2% 硫酸亚铁溶液、1% 石灰等量式波尔多液、12% 松脂酸铜乳油 600 倍液等喷雾防治。

苔　藓

地　衣

13. 菟丝子

分布及为害　菟丝子又称黄鳝藤，常见有日本菟丝子和中国菟丝子，为害茶树的主要是前者。寄生在茶树上，吸取树体水分和营养物质，其藤茎生长迅速，常缠绕枝条，甚至把整个树冠覆盖，影响叶片的光合作用，严重时茶树叶片黄化、脱落，树势衰退，甚至造成枝梢干枯或整株枯死。

症　状　菟丝子是一种攀缘性草本植物，以藤茎缠绕主干和枝条，被缠的枝条产生缢痕，藤茎在缢痕处形成吸盘，吸取树体的营养物质，藤茎生长迅速，不断分枝攀缠枝条，并彼此交织覆盖整个树冠，形似“狮子头”。

病 原 菟丝子是一年生的双子叶寄生性草本植物，日本菟丝子（*Cuscuta japouica* Choisy）茎肉质，径粗约 2 mm，红褐色，上有紫红色瘤状突起；花有梗，萼碗状，雌蕊隐藏在管状花冠内，柱头 2 裂；果椭圆形，长约 5 mm；种子褐色，表面平滑。中国菟丝子（*Cuscuta Chinensis* Larnb）茎黄色，径粗约 1 mm；花缺梗，萼盆状，雌蕊露出壶状花冠外，柱头球状；果圆形，长约 3 mm；种子淡褐色，表面粗糙。

菟丝子为害状

发病规律 菟丝子以成熟种子脱落在土壤中休眠越冬，翌年春季长出淡黄色细丝状的幼苗，藤茎上端部分作旋转向四周伸出，遇树紧贴缠绕并在与寄主的接触处形成吸盘吸取水分和养料，此后下端枯断离土，上端不断生长、分枝蔓延为害。菟丝子的繁殖方法有种子繁殖和藤茎繁殖两种。种子传播、藤茎缠绕蔓延和断藤茎再寄生均是其扩散方式。

日本菟丝子花穗

日本菟丝子为害症状

防治方法 （1）人工拔除菟丝子幼苗，或在种子未成熟前结合修剪，清除并妥善处理菟丝子藤茎花果。（2）掌握在菟丝子幼苗缠绕寄生前喷施 10% 草甘膦水剂 400 ～ 600 倍液。

14. 茶发毛病

茶发毛病又名马鬃病，在潮湿茶园中发生，表现为在茶树上缠绕有许多散乱无序，形似马鬃的漆黑色毛发般丝状物（即病原菌的根索状菌丝体）。菌丝体以盘状吸器牢固固定在叶片和枝条表面，伸入组织内部吸取养分，使树势衰弱。该病是一种高温高湿型病害，在阴湿地区和湿度大的茶园中发生较重，因此，使茶树透风良好，降低茶园土壤的地下水位和茶丛内部的湿度是防治本病的关键措施，该病病原是小皮伞菌属茶发毛病菌（*Marasmius equicrinis* Muell & Berk）。病原菌对铜素抵抗力弱，可喷施 0.7% 波尔多液或 70% 甲基托布津可湿性粉剂 1 500 倍液防治。

茶发毛病为害状

15．茶线腐病

分布于闽东茶区。该病病原为小皮伞菌属（*Marasmius pulder* Petch），主要为害茎部，被害茶树在茎部出现白色菌索，严重时整个枝条上形成白色菌膜状菌丝层，11 月进入发病盛期，翌年 4 月部分分枝枯死。该病主要发生在阴湿茶园，生长茂密的茶园发病严重。合理修剪是防治的关键，修剪后应喷施 0.6% ～ 0.7% 石灰半量式波尔多液。

茶线腐病为害状

第二篇　茶树主要虫害

16．茶尺蠖

分布及为害　茶尺蠖 [*Ectropis obliqua* Prout（*Boarmia obliqua hypulina* Wehrli）] 主要分布浙江、安徽、江苏、福建等地，是我国最主要的食叶类害虫之一，常暴发成灾，严重影响产量和树势，全年以 7 ～ 9 月为害最严重。幼虫主要取食嫩叶和成叶，严重发生时可将茶树食成光秃，甚至食光嫩皮、幼果。除为害茶树外，尚为害樱桃、石榴、枫杨、大豆、豇豆、芝麻、向日葵、辣蓼等植物。

识别特征　成虫体长 9 ～ 12 mm，体翅灰白色，前翅内横线、外横线、外缘线和亚外缘线黑褐色，弯曲成波纹状，外缘有 7 个小黑点，后翅外缘有 5 个小黑点。卵短椭圆形，堆积成卵块，鲜绿色，孵化前转黑色。幼虫有 5 个龄期，1 龄黑色，每节有环列白色小点和纵行白线。2 龄褐色，体上白点、白线不明显，第 1 腹节背有 2 个不明显黑点，第 2 腹背有 2 个褐斑。3 龄体茶褐色，第 2 腹背有 1 个“八”字形、第 8 腹背有 1 个倒“八”字形黑纹。4、5 龄体黑褐色，2 ～ 4 节腹节出现菱形斑纹。蛹长椭圆形，赭黑色，长 10 ～ 14 mm。

生活习性　一般一年发生 6 代，以蛹在茶丛根际土中越冬。翌年 3 月成虫羽化，成虫有趋光性，卵堆产于茶树枝椏间、茎基部裂缝和枯枝落叶间或附近树干上，并覆以白丝。初龄幼虫活泼，趋光趋嫩，在蓬面芽梢上活动取食，形成发生中心，1 ～ 2 龄幼虫多在叶面，1龄食叶肉，残留表皮，呈现褐色凹点，2龄穿孔或在叶缘食呈“C”字形缺口，3龄后仅剩主脉甚至食光，3龄后分散，怕光，常躲于茶丛荫蔽处，具吐丝下垂习性，4龄后开始暴食，虫口密度大时可将整个新梢和老叶食尽。10月份老熟幼虫入土约1～3 cm造一土室化蛹越冬。该虫天敌有姬蜂、核型多角体病毒、寄蝇、蜘蛛、步甲、蚂蚁、鸟类等，在闽东绒茧蜂是控制茶尺蠖发生的重要因子，白僵菌也常在雨季发生流行。

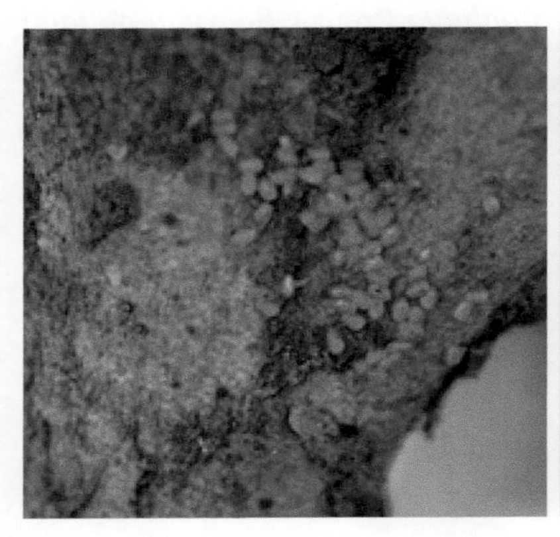

茶尺蠖卵堆

茶尺蠖幼虫

茶尺蠖成虫

茶尺蠖蛹

防治方法　（1）人工除虫。蛹期结合耕作培土杀蛹，数量多时可人工挖蛹；在分散为害前结合采摘及时采除有虫梢。（2）灯光诱杀。在成虫期利用黑光灯诱杀。（3）生物防治。在1～2龄幼虫期，每667 m^2喷洒100亿～200亿多角体（或30～50头虫尸量）的油桐尺蠖核型多角体病毒液，或8 000 IU/mg苏云金杆菌制剂1 000倍液，或1.2%苦参素水剂500～1 000倍液等。（4）化学防治。于幼虫3龄前期选用10%氯菊酯乳油、2.5%溴氰菊酯乳油或2.5%三氟氯氰菊酯乳油6 000～8 000倍液、2.5%联苯菊酯乳油3 000～6 000倍液、15%茚虫威乳油2 500～3 500倍液、80%敌敌畏乳油1 000倍液、25%灭幼脲悬浮剂1 000倍液等喷雾防治。

17. 茶用克尺蠖

分布及为害　茶用克尺蠖（*Junkowskia athleta* Oberthur）又名云纹尺蠖，主要分布于长江以南，常与茶尺蠖混合发生。幼虫咀食茶树叶片，严重发生时整株被害光秃，至或啃食主干皮层，导致树势严重损伤而死株断行。

识别特征　成虫体长18～25 mm，翅展39～59 mm。体翅灰褐至赭褐色，复眼黑色，头、胸多灰褐色毛簇。前翅有内横线、中横线、外横线、亚外缘线、外缘线等5条暗褐至黑色横线，外缘线锯齿形（8齿），中横线及亚外缘线常不明显，中室上方有一深色斑。后翅有3条暗褐至黑色横线，外缘线亦具齿（7齿）。前后翅外横线外侧均有一咖啡色斑块，前后翅反面深灰色，亦有横线。腹部深灰，第1腹节背面有灰黄色横带纹。雌蛾触角线形，雄蛾双栉形。卵椭圆形，端稍尖，初产时草绿色，后渐转淡黄色，近孵化前灰黑色。有鱼篓状棱纹，纵棱常分二支，横棱短而密。幼虫共5～6龄，一龄幼虫体黑色，腹部1～5节和9节有环列白线；

2～4龄幼虫体咖啡色，腹节上的白线同1龄；5～6龄幼虫体咖啡色或茶褐色，额区出现倒“V”字形纹，腹节上白线消失，第8腹节背面突起明显。蛹赭褐色，长18.7～21.2 mm，体表满布细小刻点，翅芽伸达第4腹节后缘，腹部末节除腹面外呈环状突起，臀棘基部较宽大，端部分二叉。

生活习性　一年发生4～6代，以低龄幼虫在茶树上越冬，但无明显冬眠现象，>10℃时仍少量取食。在广东少数以蛹在根际土中越冬。杭州4代发蛾盛期分别为5月下旬、7月上旬、9月上中旬、10月中下旬，卵盛孵期分别为6月上旬、7月中旬、9月中旬、10月下旬。成虫多在夜晚羽化，趋光性强，羽化当晚交尾，次日开始产卵。卵块产于茶树枝干及附近林木枝干裂缝内，卵粒间以胶质紧粘，无茸毛覆盖。每雌产卵数百粒，多者近千粒，越冬代产卵量最大。初孵幼虫活泼，趋光，趋嫩，集中在芽梢嫩叶上，形成发虫中心。1龄幼虫自叶缘取食叶肉，残留表皮形成圆形枯斑，2龄食成孔洞。3龄后逐渐分散，食尽全叶，4龄后暴食，老熟后移至根际入土约3 cm深处化蛹。

防治方法　参照茶尺蠖。

茶用克尺蠖雌成虫

茶用克尺蠖雄成虫

茶用克尺蠖幼虫

茶用克尺蠖蛹

18. 油桐尺蠖

分布及为害　油桐尺蠖（*Buzura suppressaria* Guenee）又名大尺蠖、桐尺蠖，全国产茶省区均有分布，是一种食叶类暴食性害虫。该虫食性杂，为害多种果木，在福建为害油桐、臭椿、枇杷

等，与之相邻的茶园通常为害较重。幼虫取食茶树叶片，严重发生时常将叶片、嫩茎全部吃光，使整片茶园光秃，严重受害后管理不当可导致死株。

识别特征 成虫体长 24 ～ 25 mm，体翅灰白色，密布黑色小点。前翅近三角形，基线、中横线和亚外缘线为黄褐色波纹，雌蛾触角短栉齿状，雄蛾双栉齿状。卵椭圆形，鲜绿色或淡黄色，常数百至千粒重叠成堆，上覆黄色茸毛。幼虫有 6 ～ 7 龄，腹足两对。老熟幼虫体长可达 60 ～ 70 mm，有深褐、灰绿、青绿色等，头顶中央凹陷，头部密布棕色颗粒状小点，前胸及第 8 腹节背面有 2 个小突起，第 5 腹节气孔前上方有 1 个肉瘤状突起。蛹深棕色，圆锥形，头顶有 1 对黑褐色小突起，臀棘明显，其基部膨大，端部呈针状。

生活习性 一年发生 2 ～ 4 代，以蛹在茶树根际表土中越冬。在闽东及闽北年发生 3 代，成虫盛期常在 4、7、9 月，幼虫盛期常在 5 ～ 6 月、7 ～ 8 月、9 ～ 10 月。以第 1 代发生较为整齐。幼虫 6 ～ 7 龄，历期 30 d 左右；初孵幼虫活跃，能吐丝下垂，借风力分散转移；幼虫有拟态，受惊即落地假死或作短距飘行；幼虫怕阳光，多在傍晚或清晨取食。1 ～ 2 龄喜食嫩叶表皮及叶肉，致叶面呈现黄褐色网膜状斑，3 龄开始食成缺刻，4 龄后暴食，食成残脉甚至食尽全叶。老熟幼虫在根际表土中约 3 ～ 4 cm 深处做土室化蛹，蛹期一般 20 多 d（越冬蛹约 150 d），成虫有强趋光性，羽化当天有假死性，卵成堆产于茶园周围树木的皮层缝隙内或茶丛枝椏间，并盖以黄色茸毛。幼虫期寄生蜂是控制油桐尺蠖的重要因素，自然条件下为害年限较长的茶园常因病毒病流行而逐渐绝迹。

防治方法 （1）人工除虫。蛹期结合耕作培土杀蛹，数量多时可人工挖蛹；刮除枝椏间或附近树木内的卵块；利用成虫受惊假死性，清晨在茶园附近树木上扑打成虫。（2）灯光诱杀。在成虫期利用黑光灯诱杀。（3）生物防治。在 1 ～ 2 龄幼虫期，每 667 m^2 喷洒 30 ～ 50 头虫尸（或 3×1 010 ～ 6×1 010 PIB/mL）的油桐尺蠖核型多角体病毒液，或 8 000 IU/mg 苏云金杆菌制剂 1 000 倍液。（4）药剂防治。于幼虫 3 龄前期选用 1.2% 苦参素 500 ～ 1 000 倍液，或 10% 氯菊酯乳油、2.5% 溴氰菊酯乳油或 2.5% 三氟氯氰菊酯乳油 6 000 ～ 8 000 倍液、2.5% 联苯菊酯乳油 3 000 ～ 6 000 倍液或 15% 茚虫威乳油 2 500 ～ 3 500 倍液、80% 敌敌畏乳油 1 000 倍液、25% 灭幼脲悬浮剂 1 000 倍液等喷雾防治。

油桐尺蠖成虫

油桐尺蠖蛹

油桐尺蠖卵堆

油桐尺蠖幼虫

19．茶银尺蠖

分布及为害　茶银尺蠖（*Scopula subpunctaria* Herrich et Schaeffer），又名青尺蠖、小白尺蠖，分布广泛，但只局部为害较重。以幼虫取食嫩叶或成叶叶片、老叶叶肉为害茶树，也可取食花蕾。

识别特征　成虫体长约12 mm，翅展31～36 mm。体翅白色，前后翅上分别有4条和3条黄褐色波状纹，近前缘中央有1个棕褐色斑点；前翅翅尖有2个小黑点；雌虫触角丝状，雄虫双栉齿状。卵椭圆形，黄绿色。幼虫成熟时体长22～27 mm，青绿色，气门线银白色，各体节间具黄白色条纹，体背密布黄绿色和深绿色纵向条纹，腹足和尾足淡紫色。蛹长椭圆形，绿色，翅芽渐转白色，近羽化时翅芽出现棕褐色点线纹，尾端有钩刺4根，中间2根较长。

茶银尺蠖雄成虫

茶银尺蠖雌成虫

生活习性　一年发生6代左右，以幼虫在茶树中下部成叶上越冬。在闽东全年均可查见幼虫取食为害，各代幼虫发生期不整齐，世代重叠。成虫趋光性强，卵散产，多单粒，产于茶树枝梢叶腋和腋芽处。幼虫共5龄，1～2龄幼虫多咬食嫩叶下表皮和叶肉，有时也能咬食叶片成小孔洞，3龄以后沿叶缘咬食叶片成缺刻，4～5龄幼虫食叶量大增，5龄幼虫能将全叶食尽，老叶仅留主脉。幼虫老熟后多吐丝黏结芽梢成叶成简单蛹室，头部朝上，常掉落出蛹室倒挂。

防治方法　参照茶尺蠖。

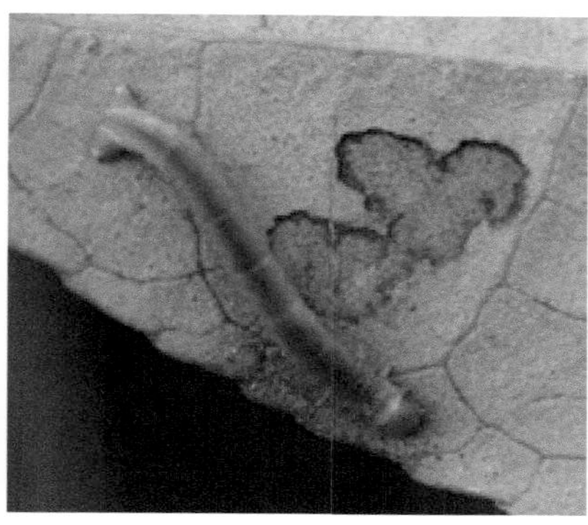

茶银尺蠖幼虫

茶银尺蠖卵粒

茶银尺蠖蛹

20. 尺蠖蛾科其他害虫

尺蠖一般习性杂，茶园还有灰茶尺蠖（*Ectropis grisescens* Warren）、油茶尺蠖（*Biston marginata* Shiraki）、木橑尺蠖（*Culcula panterinaria* Bremer et Grey）、云尺蠖（*Buzura thibetaria* Oberthhur）、大鸢尺蠖（*Ectropis excellens* Butler）、大造桥虫 [*Ascotis*

selenaria（Denis et Schaffmuller）] 等 20 余种尺蠖为害，还常见到林木害虫大叶黄杨尺蠖（*Abraxas miranda* Butler）、中国虎尺蛾 [*Xanthabraxas hemionata*（Guenee）]、绿翠尺蠖 [*Pelagodes proquadraria*（Inoue）]、海绿尺蠖 [*Pelagodes antiquadraria*（Inoue）] 等尺蠖成虫，对茶树的为害性不详。尺蠖类常混合发生，多数种类卵块产或堆产，故幼龄期常形成“发虫中心”，幼虫具假死性，受惊吐丝下垂，趋嫩性强，多数种类幼虫在土中化蛹，成虫有趋光性，白僵菌、病毒及绒茧蜂对尺蠖类害虫具有良好的控制作用。

木橑尺蠖幼虫

木橑尺蠖成虫

大造桥虫幼虫

大造桥虫成虫

大鸢尺蠖幼虫　　大鸢尺蠖成虫

大叶黄杨尺蠖

中国虎尺蛾

绿翠尺蠖

海绿尺蠖

21．茶毛虫

分布及为害　茶毛虫（*Euproctis pseudoconspersa* Strand），又名茶黄毒蛾，分布各茶区。虫体毛丝有毒，皮肤触及痛痒红肿，影响农事活动。幼虫取食成叶为主，数量大时可把整片茶园吃光，仅剩秃枝，损伤树势，严重影响茶叶产量。

识别特征　成虫体长 7 ～ 13 mm，翅展 21 ～ 23 mm，触角双栉齿状，复眼黑色。雌蛾翅淡黄褐色，雄蛾翅黑褐色，前翅中央均有 2 条淡色带纹，翅尖有 2 个黑点；卵近圆形，淡黄色，堆集成椭圆形的卵块，上覆有黄色绒毛；1 龄幼虫淡黄色，着黄白色长毛；2 龄幼虫淡黄色，前胸气门线的毛瘤呈浅褐色；3 龄幼虫体色与 2 龄同，胸部两侧出现 1 条褐色线纹，4 ～ 7 龄幼虫黄褐色至土黄色，随着龄期增加腹节亚背线上毛瘤增加、色泽加深。蛹黄褐色，密生黄色短毛，末端有一束钩状尾刺，外有土黄色丝质薄茧。

生活习性　年发生 1 ～ 5 代。在福建省低海拔茶园年发生 4 代，为害盛期常在 4 月、6 月、8 月和 10 月，高山茶园年发生 3 代，为害盛期常在 5 月、7 月和 9 月，各代发生期整齐。以卵块越冬。幼虫一般有 6 龄，群集性强，受惊吐丝坠落。孵化后先食掉卵壳，后聚集在原叶或附近老叶背面取食下表皮与叶肉，残留上表皮呈半透明黄绿色膜状斑，久之枯竭灰白，2 龄开始在叶缘蚕食成缺刻，3 龄食量渐增，取食整个叶片，常群迁转移，4 龄开始逐渐分群暴食，5 龄后食量剧增，整枝、整丛片叶不存，枝间且常留有丝网、虫粪和碎叶片。老熟幼虫爬至根际落叶下或表土中结茧化蛹，成虫有趋光性。卵多成块产在茶丛中下部老叶背面，并覆以黄色茸毛。茶毛虫天敌种类很多，寄生性天敌中卵期有寄生蜂，幼虫期有寄生蜂、寄生蝇以及细菌和病毒等，在福建茶毛虫黑卵蜂（*Telemonus* sp.）和茶毛虫绒茧蜂（*Apanteles conspersae* Fiske）、茶毛虫膨尸姬蜂（*Hyposter* sp.）、茶毛虫核型多角体病毒（EpNPV）等对茶毛虫种群数量具有明显的控制作用。

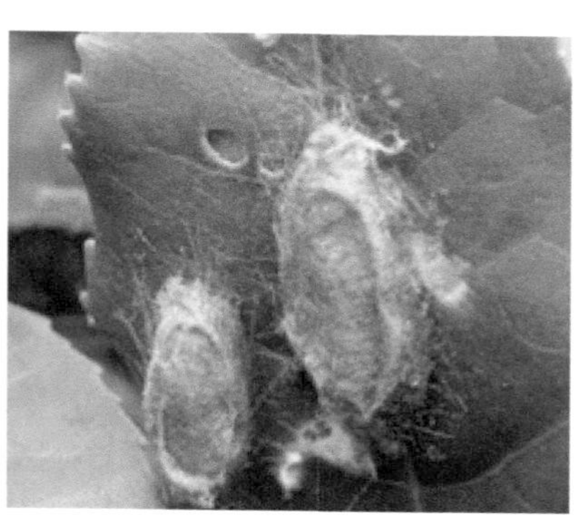

茶毛虫成虫　　茶毛虫茧

茶毛虫幼虫

防治方法　（1）人工防治。摘除茶毛虫卵块（特别是越冬卵），并保护利用卵寄生蜂；在 1 ～ 3 龄幼虫期人工摘除带虫群枝叶；蛹期结合锄草，清除枯枝落叶，进行中耕培土，耕杀虫蛹。（2）物理机械防治。在成虫期利用黑光灯诱杀；用性信息素诱捕器诱杀成虫。（3）生物防治。每 667 m^2 用茶毛虫病毒虫尸 100 ～ 200 头（或相当剂量的病毒制剂）加水 50 kg 喷雾，或 8 000 IU/mg 苏云金杆菌制剂1 000倍液或用1.2%苦参素500～1 000倍液防治。(4)化学防治。于幼虫3龄期前选用50%敌敌畏乳油1 000倍液、10%醚菊酯乳油2 000倍液、10%氯氰菊酯乳油或2.5%氯氟氰菊酯乳油或10%联苯菊酯乳油3 000～5 000倍液喷雾防治。

22. 茶黑毒蛾

分布及为害 茶黑毒蛾（*Dasychira baibarana* Matsumura），又名茶茸毒蛾，分布各主产茶区。在福建是福鼎和安溪的一大主要害虫。幼虫体上毒毛可引起不同程度的过敏反应，影响农事活动。以幼虫取食叶片，严重发生时，可把整片茶园吃光，远观似一片火烧状。

识别特征 雌成虫体长15～18 mm，翅展32～40 mm。体翅暗褐至栗黑色，前翅基部黑褐色，中部银灰色；外缘有8个黑褐色点状斑，顶角内侧常有3、4个颜色深浅、排列不一的纵向斑纹，外横线呈褐色波状纹。翅的中部近前缘有1个灰黄白色大圆斑，其下方至臀角内侧有1个黑褐色斑块，近臀角处有1个白色小斑纹。后翅灰褐色无斑纹。体腹背有3、4束褐色毛丛，呈纵向排列。触角短双栉齿状。雄蛾体长12～14 mm，翅展27～30 mm，翅两纹较雌蛾浅，前翅顶角内侧的3、4个纵向斑纹和中室端部的灰白色斑纹均不明显，触角长双栉齿状。卵为球形，直径约0.8～0.9 mm，灰白色，质地较硬，顶端凹陷。幼虫共5～6龄。1龄幼虫体淡黄褐色，头棕褐色，毛稀少，胸背淡黄绿色，第1胸节背侧有1对肉疣。2龄幼虫体暗褐色，体长约5 mm，第1、2腹节上有两列黑色毛丛，第8腹节出现1束毛丛，第1胸节背侧1对肉疣明显伸长，中胸和第8腹节侧面各有1对白毛。3龄幼虫体长7～10 mm，除第1、2腹背两列黑色毛丛外，第3～5腹背出现2列白色毛丛，第2、3胸背出现2列较短毛丛。4龄幼虫褐色，体长约

14 ～ 18 mm，第 1 ～ 3 腹节毛丛棕色，第 4 ～ 5 腹背毛丛黄白色，第 5 ～ 7 腹节背线和气门线呈“一”字形白线，其周围有红色斑纹，第 8 腹背 1 束毛丛黑褐色，第 2 ～ 3 胸节亚背线白色。第 1 ～ 4 腹节毛丛呈刷状，不整齐。5 龄幼虫黑褐色，体长约 20 mm，头淡黄色，胸背侧有白色斑纹，第 1 ～ 4 腹背的毛丛棕色，第 5 腹背毛 1 黄白色，第 8 腹节背部的黑褐色毛丛向后上方伸出，毛丛两侧有 1 对白色长毛，第 2 胸节背部和侧面也各 1 对白色长毛，向前伸出。末龄幼虫体长 26 ～ 30 mm。蛹体长 13 ～ 15 mm，黄褐至棕黑色，有光泽。体表黄色短毛多，背面短毛较密，腹末臀棘较尖。茧椭圆形，细绒毛多，棕黄至棕褐色。

生活习性　年发生 4 ～ 5 代，以卵越冬。4 代区各代幼虫发生期分别为 4 月初至 5 月上中旬、6 月上旬至 7 月上中旬、7 月下旬至 8 月下旬及 9 月下旬至 10 月下旬。成虫有趋光性。卵多产于茶丛中下叶背、枝条上，有时产在杂草、落叶上，卵粒单层整齐排列呈块状。幼虫孵化后食尽卵壳，后群迁到附近老叶背面取食下表皮、叶肉，形成黄褐色网膜枯斑。2 龄爬至茶丛嫩梢取食为害，叶片食成缺刻孔洞。3 龄开始逐渐分散，食叶仅留叶脉，4 龄食量剧增，食尽全叶，5 ～ 6 龄暴食，可将老叶和嫩梢全部食尽。1 ～ 2 龄受惊吐丝下垂，3 龄起具假死性，受惊后卷缩坠落。老熟幼虫爬至茶丛基部枝桠、根际落叶下、草丛中或土隙间结茧化蛹。茶黑毒蛾的发生与温湿度关系密切，最适宜气候条件为温度 18 ～ 27℃，相对湿度 80% 以上，并伴有一定雨量的条件下发生，因此，并无种群数量逐代累积现象。茶黑毒蛾天敌较丰富，在福建主要有幼虫期绒茧蜂及卵期赤眼蜂，对种群具有显著控制作用。

防治方法　（1）人工防治。秋冬结合清园、施基肥，清除落叶、杂草，深埋消灭越冬卵；结合中耕、除草、施肥消灭虫蛹；利用幼虫的群集性和假死性集中捕杀。（2）灯光诱杀。在成虫盛期用黑光灯诱杀。（3）生物防治。用 8 000 IU/mg 苏云金杆菌制剂 1 000 倍液或用 1.2% 苦参素 500 ～ 1 000 倍液防治。（4）化学防治。于在 1 ～ 2 龄幼虫占 70% ～ 80% 时喷施 50% 敌敌畏乳油 1 000 倍液、10% 醚菊酯乳油 2 000 倍液、10% 氯氰菊酯乳油或 2.5% 氯氟氰菊酯乳油或 10% 联苯菊酯乳油 3 000 ～ 5 000 倍液。注意保护寄生蜂。

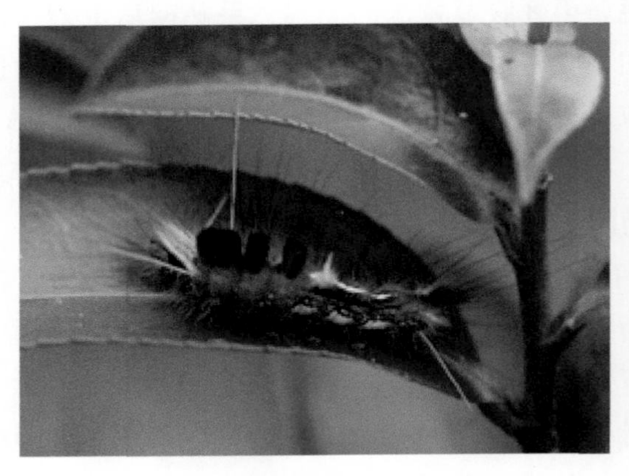

茶黑毒蛾幼虫

茶黑毒蛾茧

23. 毒蛾科其他害虫

茶园还有茶白毒蛾 [*Arctornis alba*（Bremer）]、茶白斑茸毒蛾（*Dasychira nax* Collentte）、戟盗毒蛾（*Porthesia kurosawai* Inoue）、双线盗毒蛾 [*Porthesia scintillans*（Walker）]、双线黄毒蛾（*Euproctis dissimilis* Wileman）、黑褐盗毒蛾（*Porthesia atereta* Collentte）、折带黄毒蛾（*Euproctis flava* Brem）等 10 余种毒蛾。毒蛾类的毒毛、毒丝的致敏性对茶园作业还造成很大的影响。毒蛾类卵块产或堆产，常覆有毒毛，幼龄期多有群集性，因此常有发生中心，幼虫具假死性，受惊吐丝下垂，或卷曲掉落或跳逃，成熟幼虫在表土层或落叶层结茧化蛹，有的种类在茶丛内化蛹，成虫有趋光性。寄生蜂是控制毒蛾的重要因子。

茶白毒蛾雌成虫

茶白毒蛾雄成虫

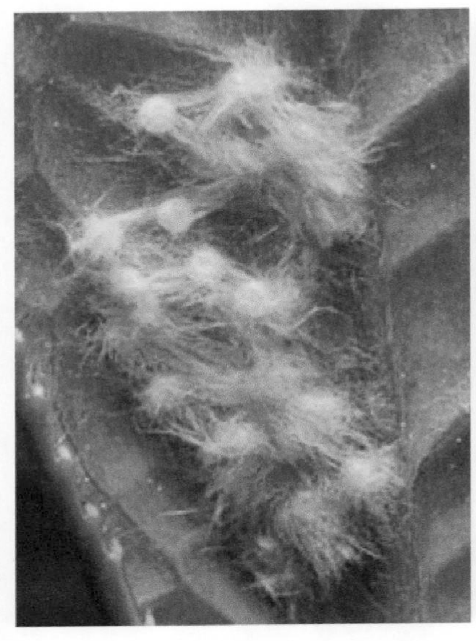

双线盗毒蛾卵块

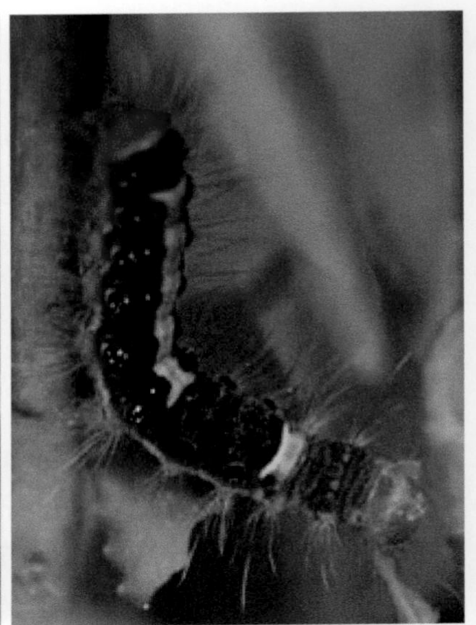

双线盗毒蛾幼虫

双线盗毒蛾蛹

双线盗毒蛾雄成虫

黑褐盗毒蛾幼虫

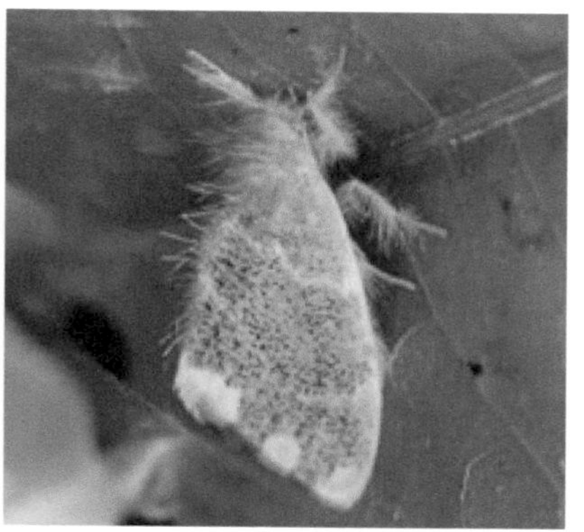

黑褐盗毒蛾成虫

双线黄毒蛾

折带黄毒蛾

24. 茶小卷叶蛾

分布及为害　茶小卷叶蛾（*Adoxophyes orana* Fischer von Roslerstamm）又名棉褐带卷叶蛾、茶小黄卷叶蛾，分布普遍。幼虫卷缀嫩梢新叶或嫩芽成苞，潜伏其中取食，常留下一层表皮与叶脉，形成枯褐色膜状斑，严重时蓬面一片枯焦，大大降低茶叶品质和产量。

识别特征 雄成虫体及前翅淡黄褐色，体长 6 mm 多，前翅略呈菜刀形，翅面基部、中部及翅尖有 3 条淡褐色斜带纹，中间一条在近中央处分叉呈“h”形纹，近翅尖的一条斑纹呈“v”形，后翅淡灰黄色。雌成虫体长约 7 mm，前翅基斑常不明显，中斑无分叉。卵椭圆形、扁平、淡黄色。幼虫共五龄，体绿色，头黄褐色，前胸淡黄褐色。蛹黄褐色，长约 9 mm，腹末有钩刺 4 对，中间的 2 对钩向内方。

生活习性 全国茶区南北发生代数不一。在闽东年发生 6 代。各代成虫始见期常在 3 月上旬、5 月上旬、6 月中旬、7 月下旬、9 月上旬和 11 月上旬，各代幼虫始见期常在 3 月中旬、5 月中旬、6 月下旬、8 月上旬，9 月中旬和 11 月中旬。世代重叠发生。幼虫共 5 龄，历期 20 ～ 30 天，越冬代约 50 ～ 80 天，冬季晴暖时仍可活动取食；初孵幼虫常借垂丝顺风转移，向上爬至新梢并潜入芽缝内或初展嫩叶尖部，吐丝缀苞隐身取食。随着虫龄增大，常将二、三叶片以及整个芽梢缀结成苞，一苞食完转移他处结新苞为害。3 龄前主要为害芽和第一叶，3 龄后老嫩叶片均受害。3 龄后的幼虫受惊会迅速后退，吐丝下垂离开叶苞或弹跳逃脱。老熟幼虫在苞内化蛹，蛹期 7 d 左右。成虫夜晚活动，有趋光性和趋化性。卵多产于中下部叶片背面，百多粒聚成鱼鳞状卵块，上覆胶质薄膜，卵历期 5 ～ 10 d。茶小卷叶蛾的天敌种类较多，在福建常见幼虫寄生蜂寄生，末代卵寄生蜂寄生率很高，白僵菌在雨季也有自然流行。

防治方法 （1）人工防治。及时分批采摘，随手摘除受害芽梢、虫苞，并注意保护寄生蜂。（2）物理机械防治。灯光诱杀成虫；糖醋液、酒糟诱杀成虫；性信息素诱捕器诱杀成虫。（3）生物防治。掌握 1、2 龄幼虫期每 667 m^2 喷施含 100 亿孢子 /g 的青虫菌或白僵菌 0.5 ～ 1.0 kg，或喷施 8 000 IU/mg 苏云金杆菌制剂 1 000 倍液，也可每 667 m^2 用 75 头颗粒病毒虫尸研碎加水 75 L 喷雾；或用 1.2% 苦参素 500 ～ 1 000 倍液喷雾防治。（4）化学防治。掌握在 2 龄幼虫盛期选用 10% 联苯菊酯乳油 3 000 ～ 5 000 倍液，2.5% 三氟氯氰菊酯（功夫）乳油、10% 氯氰菊酯乳油、2.5% 溴氰菊酯乳油、10% 氯菊酯乳油 6 000 ～ 8 000 倍液。注意务必喷湿虫苞。

茶小卷叶蛾幼虫为害状

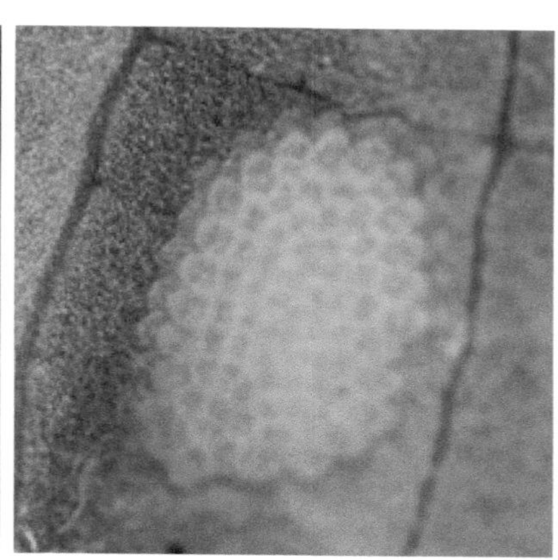

茶小卷叶蛾卵块

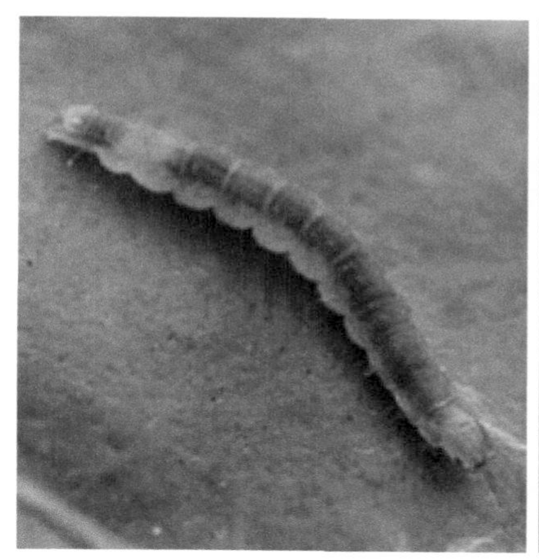

茶小卷叶蛾幼虫

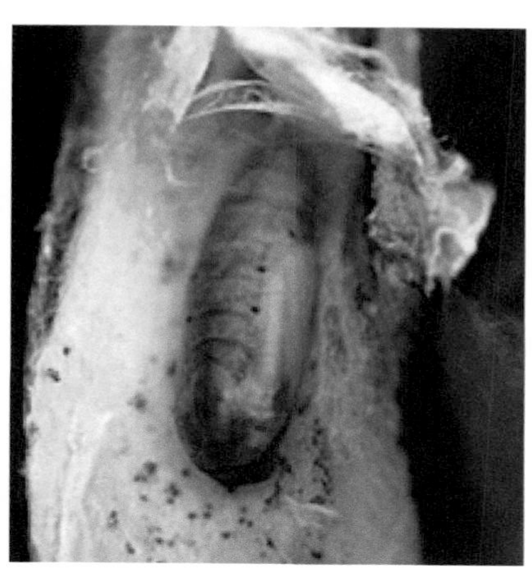

茶小卷叶蛾蛹

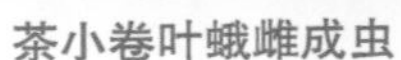
茶小卷叶蛾雌成虫

茶小卷叶蛾雄成虫

25．茶卷叶蛾

分布及为害 茶卷叶蛾（*Homona coffearia* Nietner），又名茶淡黄卷叶蛾、褐带长卷蛾、柑橘长卷蛾、咖啡卷叶蛾、后黄卷叶蛾等。食性杂，分布更广。幼虫为害状似茶小卷叶蛾，但其食叶量更大，用被害梢制成的干茶碎片多，为害损失更大，严重时蓬面状如火烧，严重损伤树势。

识别特征 成虫前翅近浆形，翅尖深褐色且向外突出。雌体长约 10 mm，前翅淡黄褐色，且散布不规则波状深褐色细横纹，中央常有一斜行深褐色带状横纹；后翅淡黄色，外缘深黄色。雄体长约 8 mm，前翅灰白色有光泽，基部深褐色，有一深褐色近椭圆形突出部分，向翅面反折，盖在肩角上。前缘中央有一黑色斑块，翅面中部斜向外方的深褐斑状横纹鲜明，翅尖深褐色。后翅淡灰褐色，前方淡黄色。卵淡黄白色，扁平长椭圆形，鱼鳞状排列成椭圆形卵块，上覆透明胶质薄膜。老熟幼虫体长 18 ～ 22 mm，黄绿色，头深褐色，前胸背板近半圆形，褐色，其后缘深褐色。腹部第 2 ～ 8 节背面前、后缘附近各有短刺 1 列。

蛹长 9 ～ 11 mm，赤褐色，腹末钩刺长，黑褐色，4 对，钩向外方。

生活习性　该虫在闽东年发生 6 代，世代重叠发生，各代成虫始见期常在 3 月中旬、5 月中旬、6 月下旬、7 月下旬、8 月下旬、10 月下旬，幼虫始见期常在 3 月下旬、5 月下旬、7 月上旬、8 月上旬、9 月上旬、11 月上旬。幼虫共 6 龄，历期 20 d（夏季）至 40 d（春秋季），越冬代约 80 ～ 110 d，冬季晴暖时仍可活动取食；初孵幼虫很活泼，爬行或吐丝下垂分散，多先在嫩芽或嫩叶尖结苞于内取食，食完转移结新苞为害，新苞缀叶数渐多，3 龄后卷叶数常多达 4 ～ 10 叶，甚至邻近芽梢。3 龄后的幼虫受惊会迅速退弹跳逃，老熟幼虫在苞内结一白色薄茧化蛹于其中，蛹期 6 ～ 10 d。成虫夜晚活动，有趋光性和趋化性。卵块比茶小卷叶蛾的大，排列成鱼鳞状的卵块多产于叶片正面，历期 6 ～ 10 d。

防治方法　茶卷叶蛾与茶小卷叶蛾习性基本相同，多混合发生，常视为一种害虫防治。

茶卷叶蛾幼虫为害状

茶卷叶蛾卵块

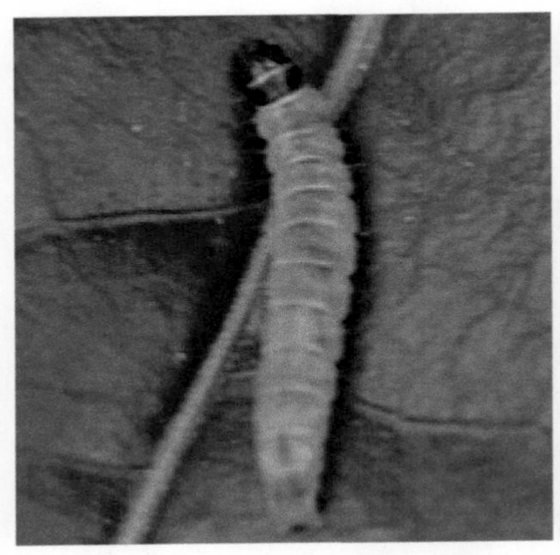

茶卷叶蛾幼虫

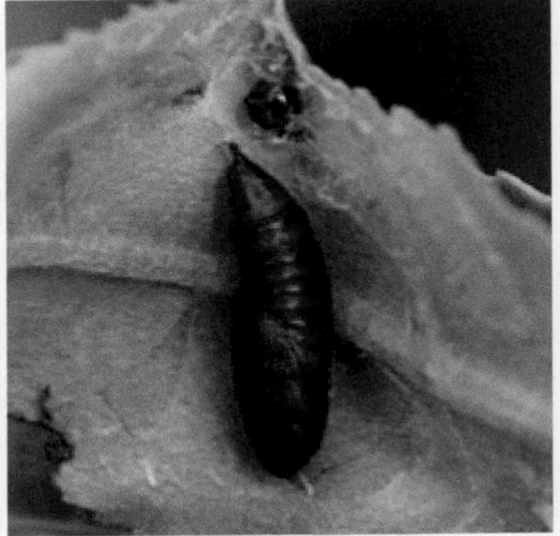

茶卷叶蛾蛹

交配中的茶卷叶蛾雌雄成虫

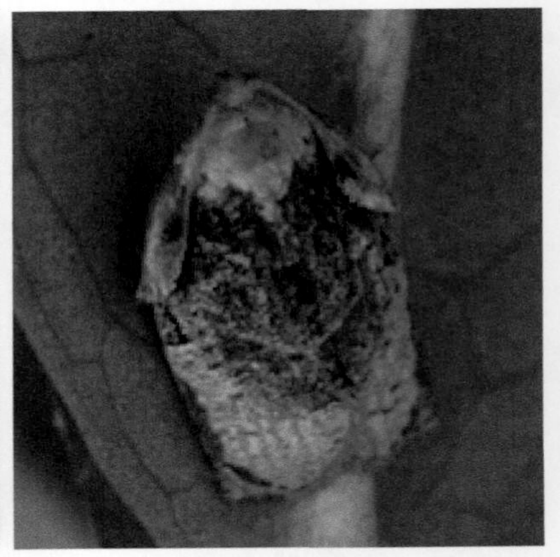

茶卷叶蛾雄成虫

26．茶细蛾

分布及为害 茶细蛾（*Caloptilia theivora* Walsingham）又名三角卷叶蛾，广泛分布各茶区。幼虫为害芽梢嫩叶，从潜叶、卷边至卷三角苞后居中食叶并积累虫粪，严重污染鲜叶，为害严重时，影响茶叶品质和产量。

识别特征　成虫深褐色，带有紫色光泽，体长 4 ～ 6 mm，颜面披金黄色毛，触角褐色丝状，长 6.0 ～ 7.5 mm。前翅褐色，前缘中部有一较大的金黄色三角形斑块。后翅暗褐色，缘毛长。雌虫尾部较粗短，呈圆筒形，被暗褐色长毛，尾端有似镰刀状产卵器；雄虫尾部较细长，呈椭圆形，无暗褐色长毛，尾端有两片板。卵椭圆形、扁平、无色半透明，有光泽。幼虫体长 8 ～ 10 mm，头褐色，眼黑，体乳白色、半透明，可透见体内紫色内脏物。蛹圆筒形，淡褐色。茧灰白色，长形。

生活习性　在闽东年发生 9 代，幼虫始见期常在 3 月中旬、4 月下旬、6 月上旬、7 月上旬、8 月上旬、8 月下旬、9 月下旬、10 月下旬和 12 月上旬。世代重叠。幼虫共 5 龄，趋嫩性强，1、2 龄在叶背下表皮潜叶取食叶肉，形成潜道，3 龄起出虫道后将叶缘向叶背卷折，在卷边内取食叶肉，留上表皮，虫粪留在卷边内，4 龄后期和 5 龄幼虫将叶尖沿叶背卷成三角形虫苞，在苞内取食，可转移再行卷苞为害，幼虫期 9 ～ 40 d，老熟幼虫咬破卷苞爬至下方成叶或老叶背面结茧化蛹，以主脉两侧为多，蛹期 7 ～ 16 d，成虫夜间活动，趋光性强，成虫寿命 4 ～ 6 d，停息时，前中足与体翅呈“入”形，卵散产于嫩叶背面，以芽下 1、2 叶为多。

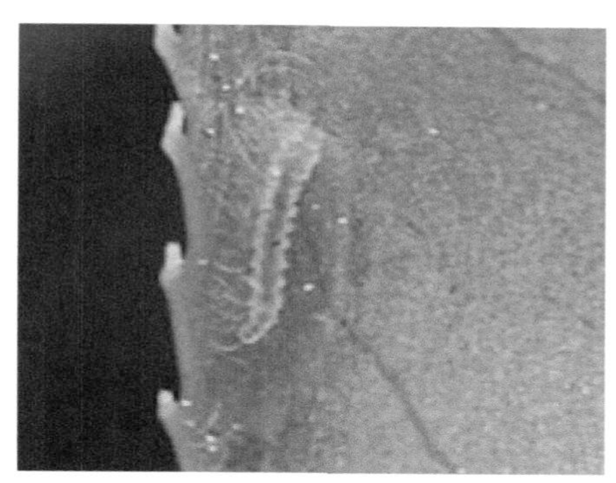

茶细蛾潜叶期为害状

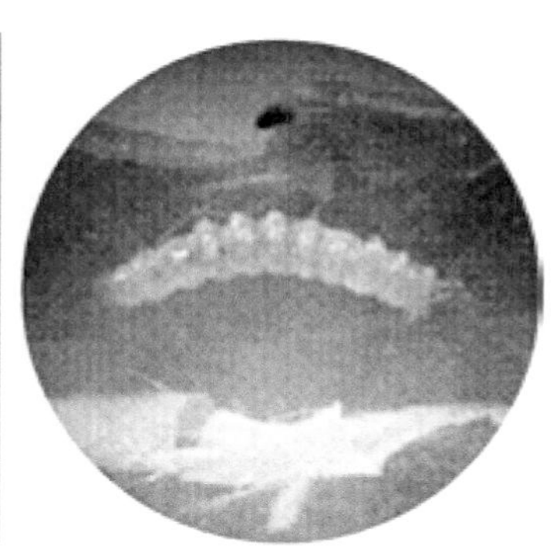

茶细蛾幼虫

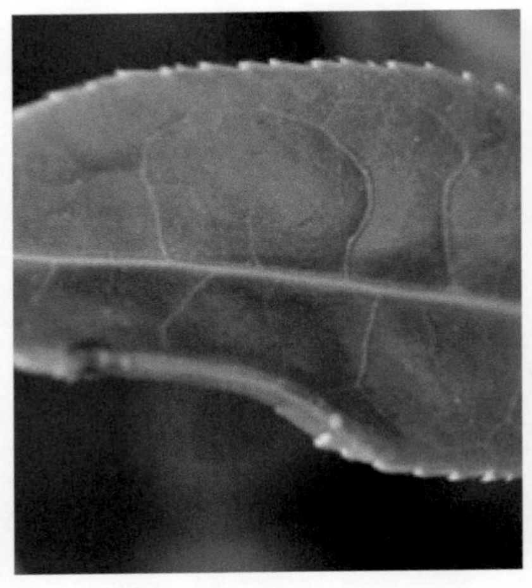

茶细蛾卷边期为害状

茶细蛾卷苞期为害状

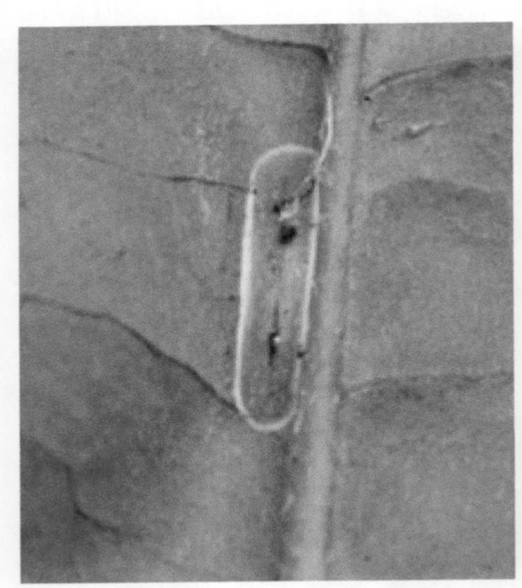

茶细蛾茧

茶细蛾成虫

防治方法 （1）人工防治。分批多次勤采，可有效采除卵、虫，减少产卵场所和食料；秋季封园后轻修剪，减少虫口基数。（2）灯光诱杀。安装黑光灯诱杀成虫。（3）化学防治。参照茶小卷叶蛾。

27. 卷叶类其他蛾类害虫

为害茶树的卷蛾科害虫还有多种，常混合发生，其中以茶卷叶蛾、茶小卷叶蛾和茶长卷叶蛾（*Homona magnanima* Diakonoff）最常见，为害性大，世代严重重叠，这3种卷叶类害虫的发生与生活习性等相同或相似，卵块产于中上部成叶叶面或反面，故在发生量少时常有明显的“发虫中心”。幼虫趋嫩性强，为害芽梢，卷苞或卷叶为害，施药时应喷湿虫苞；成虫趋光性强，可用杀虫灯诱集。在福建，卵期和幼虫期寄生蜂对这三种卷蛾科害虫具有很好的控制作用，应注意保护利用。此外，还有其他卷叶蛾类害虫如茶灰木蛾（又称茶谷蛾，*Agriphara rhombata* Meyrick）、铃木窗蛾（*Striglina suzukii* Matsumura）等。

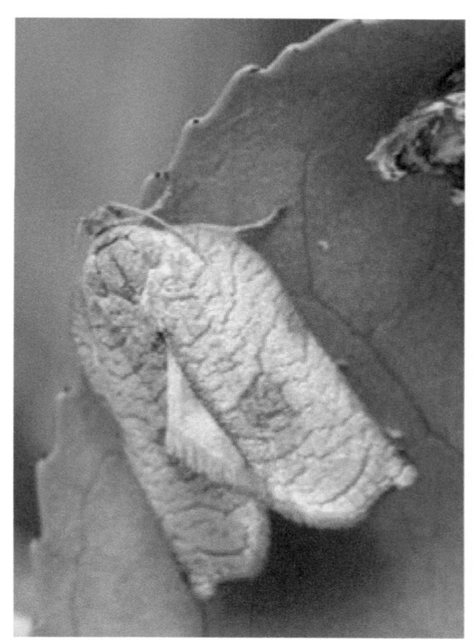

茶长卷蛾雌成虫

茶长卷蛾雄成虫

卷蛾科 Archips audax

铃木窗蛾为害状

铃木窗蛾成虫

28．茶蓑蛾

分布及为害 茶蓑蛾（*Cryptothelea minuscula* Butler）又名茶袋蛾、茶避债虫，食性杂，分布广，局部茶园为害严重。幼虫主要咬食叶片呈缺刻和孔洞，严重时芽梢、茎皮均可食光，整片茶树仅剩秃枝。

生活习性 年发生 1 ～ 3 代，多以幼虫在茶树枝干上护囊内越冬。翌年春季当气温上升至10℃左右时即开始活动，取食为害。福建年发生2～3代，低海拔茶区成虫4、7、10月羽化，幼虫为害盛期在6、9、12月至翌年3月；高山茶园2代，5～6月、8～9月羽化，为害盛期在7～8月、10月至翌年4月。幼虫一般6龄；幼虫孵化后从雌成虫护囊排泄孔爬出，能吐丝下垂顺风飘移到枝叶上，后即吐丝结囊，多在叶面上倒立栖息状如铆钉。2龄后转至叶背，腹部下垂，悬挂于枝叶下面，1～2龄幼虫常只取食下表皮和叶肉，留上表皮成半透明黄色薄膜。3龄咬食叶片呈缺刻和孔洞。1～3龄护囊以叶屑作粘缀物，4龄后随着食量增大，为害成叶和老叶，进而连同芽梢食光，取咬断短枝梗贴于囊外，平行纵列整齐。随虫龄增长，蓑囊不断增大，幼虫在囊内可自由转身，爬行取食时，头胸部伸出，负囊活动，遇惊缩体进囊。幼虫老熟后吐丝封住囊口化蛹，羽化后从护囊末端飞出，留下蛹壳半露于排泄孔外。雄蛾具趋光性，善飞。雌蛾羽化后仍留在护囊内，交配后在囊内产卵。由于雌蛾无翅，原地集中产卵，幼虫孵化后就地聚集发生，移动能力弱，呈现为害中心。

茶蓑蛾虫囊　　茶蓑蛾幼虫

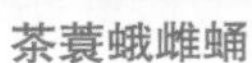
茶蓑蛾雌蛹

茶蓑蛾雄蛹

茶蓑蛾雌成虫

茶蓑蛾雄成虫

防治方法 （1）随时摘除虫囊。（2）灯光诱杀雄蛾。（3）在幼龄虫期挑治“发虫中心”，喷湿茶丛和虫囊，可参考其他鳞翅目害虫选用苏云金杆菌、植物源农药、化学农药防治。由于蓑蛾有护囊保护，药剂难以渗透，因此用药量可适当偏大，务必将叶背和虫囊充分喷湿。

29. 蓑蛾科其他害虫

蓑蛾类通称袋蛾、背袋虫、避债蛾。蓑蛾类多发生失管、衰老、荫蔽茶园、篱笆茶上，均具蓑囊护身，蓑囊是识别蓑蛾的重要特征，蓑蛾成虫和蛹雄雌异态，尤其雌蛾蛆状无翅，在囊内聚集产卵，幼虫移动能力弱，常聚集发生形成“发虫中心”，雄蛾均善飞，多具较强的趋光性。皆以幼虫取食叶片、芽梢、嫩梗、茎皮为害，取食成褐斑、孔洞缺刻和秃枝。

为害茶树的蓑蛾种类较多，福建省其他主要蓑蛾类害虫及其发生规律简介如下。

大蓑蛾 [*Cryptothelea variegata* Snellen（*Clania variegate* Snellen）]：又名杂色蓑蛾，即棉叶袋蛾，分布各茶区。福建省年有1～2代。越冬幼虫2月间开始活动，3～4月化蛹，4～5月羽化产卵，4月末至6月初孵化，9～10月出现第2代幼虫，11月末后幼虫越冬。

茶小蓑蛾（*Acanthopsyche* sp.）：分布各茶区。年有3代，成虫4～5月、7～8月、9～10月出现。

茶褐蓑蛾（*Mahasena colona* Sonan）：分布各茶区。闽南年有2代，成虫3～5月、7～9月出现。闽东成虫多在6～7月出现。幼虫为害至12月，翌年2月继续取食为害。

白囊蓑蛾（*Chalioides kondonis* Kondo）：分布各茶区，在高山茶园较普遍。闽东多在6～8月出现成虫，幼虫7～9月孵化，12月后进入越冬期，翌年2月继续为害；5～7月陆续化蛹。

锥囊蓑蛾（*Chalia larminati* Heylaerts）：又名尖壳蓑蛾、油桐蓑蛾。分布各茶区。闽北、闽东年有1代，成虫谷雨前后羽化，翌年春分化蛹前为害最重。

蓑蛾为害状

大蓑蛾虫囊

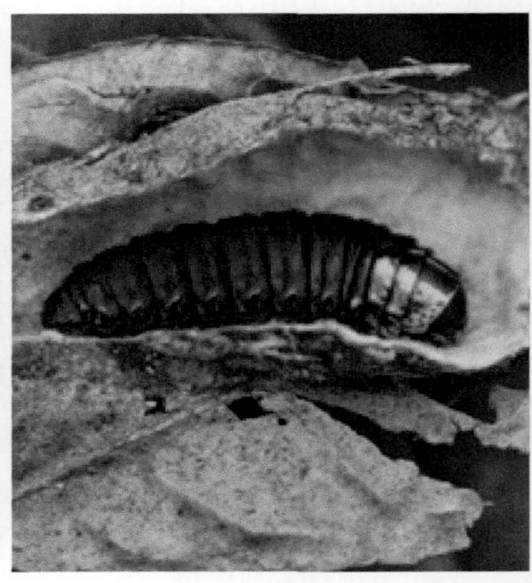

大蓑蛾幼虫

茶褐蓑蛾虫囊

茶褐蓑蛾成虫

白囊蓑蛾虫囊

白囊蓑蛾雄成虫

茶小蓑蛾虫囊

锥囊蓑蛾虫囊

30. 茶奕刺蛾

分布及为害 茶奕刺蛾 [*Iragoedes fasciata*（Moore）] 又称茶角刺蛾、茶刺蛾。茶刺蛾是茶树刺蛾类的一种重要害虫，我国茶叶主产区均有分布，以幼虫取食成叶为害茶树，影响茶树的生长和茶叶的产量。幼虫毛刺有毒，皮肤触及红肿剧痛。

识别特征 成虫体长 12 ～ 16 mm，翅展 24 ～ 30 mm。体茶褐色，触角暗褐色，栉齿状，但栉齿甚短。翅褐色，翅面具雾状黑点，前翅从前缘至后缘有 3 条不明显的暗褐色波状斜纹；翅基部和端部颜色较深，后翅灰褐色，近三角形，缘毛较长。卵长约 1 mm，椭圆形，扁平，淡黄白色，半透明。幼虫共 6 龄，成长时体长 30 ～ 35 mm；幼虫长椭圆形，背中隆起，黄绿至灰绿色；体背与体侧分别有 11 对和 9 对着生于突起的枝刺；背线蓝绿色，体背中部和后部还各有一个紫红色斑纹；体侧沿气门线有一列红点。蛹椭圆形，淡黄色，翅芽伸达第四腹节，腹部气门棕褐色。茧卵圆形，暗褐色，质地较硬。

生活习性 1 年发生 3 ～ 4 代，以老熟幼虫在土中结茧越冬。翌年 4 月上旬开始化蛹，4 月下旬至 5 月上旬成虫羽化。各代幼虫盛发期分别在 5 月下旬至 6 月上旬、7 月中下旬及 9 月中下旬。一般每年的第 2 代发生较多。成虫日间藏于丛内，夜晚活动，趋光性强。卵散产于茶丛中、下部老叶背面的锯齿附近。以幼虫取食叶片为害茶树，低龄幼虫取食下表皮和叶肉，留下上表皮渐转为枯焦状半透明斑块，3 龄后自叶尖向内取食叶片成平直缺刻，一般食去半叶左右即移至另一叶为害。虫口密度大时常将全叶食尽，每头幼虫可为害 10 张叶片。

防治要点 （1）冬季进行茶园深耕，可阻止翌年成虫羽化出土；（2）清晨人工捕杀幼虫；（3）灯光诱杀成虫；（4）生物防治可喷施茶刺蛾核型多角体病毒或参照其他蛾类害虫，适量喷施 Bt 制剂或植物源农药。

茶刺蛾幼虫

茶刺蛾成虫

31．刺蛾科其他害虫

刺蛾科幼虫俗称辣虫、刺辣虫。分布各茶区。幼虫咬食叶片，虫多处枝梢仅剩残脉碎叶；刺蛾类幼虫毛刺有毒，皮肤触及红肿剧痛。除茶刺蛾外，福建省发生的还有扁刺蛾（*Thosea sinensis* Walker）、褐刺蛾（*Thosea haibarana* Matsumura）、丽绿刺蛾[*Parasa lepida*（Cramer）]、龟形小刺蛾（又称小白刺蛾，*Narosa nigrisigna* Wileman）、白痣姹刺蛾（*Chalcocelis albiguttata* Snellen）等，但均未见严重为害。闽东一般年发生3～4代，5～11月常见，其中，扁刺蛾、褐刺蛾入土结茧，青刺蛾、小白刺蛾在枝条上结茧，以末代茧越冬，均具趋光性，其他习性似茶刺蛾，防治方法可参照茶刺蛾。

褐刺蛾幼虫

褐刺蛾成虫

扁刺蛾幼虫

白痣姹刺蛾幼虫

32．斜纹夜蛾

分布及为害　斜纹夜蛾（*Prodenia litura* Fabricius）分布各茶区，在局部茶园间歇性为害，幼虫咀嚼茶树芽叶，咬折嫩梢，暴发时茶丛光秃。斜纹夜蛾食性杂，间作豆科植物或蔬菜等容易引致为害茶树。

生活习性　年发生 5 ～ 9 代，在福建省年发生 7 ～ 9 代，闽中、闽南无明显越冬现象，闽东 7 ～ 11 月为害盛期，世代重叠明显。幼虫共 6 龄，幼虫孵化后即能吐丝随风飘散转移，多数集中于着卵叶背取食叶肉，2 ～ 3 龄逐渐分散，取食茶树幼嫩叶肉，残留上表皮及叶脉，呈不规则黄色斑块。4 龄后暴食，取食茶树嫩叶嫩茎，常把嫩梢咬折。幼虫畏光，常潜伏丛内，3 龄后假死性明显，一遇惊动即刻卷曲滚落到地面。老熟幼虫在 1 ～ 3 cm 表土内做土室化蛹。成虫夜晚活动，善飞，趋光性、趋化性强，卵多产于茶丛中部叶背，呈块状，覆以黄色茸毛。

防治方法（1）人工防治。结合冬耕施肥，深翻灭蛹；产卵盛期至始孵期摘除卵块和虫叶。（2）物理机械防治。发蛾盛期用黑光灯诱杀；陷阱诱杀，配制糖醋液（糖 3 份，醋 3 份，酒 1 份，水 10 份）诱蛾。（3）生物防治。100 亿孢子 /g 苏云金杆菌菌粉 500 ～ 700 倍液，或 1.2% 苦参素水剂 500 ～ 1 000 倍液喷雾防治。（4）化学防治。3 龄前幼虫期施药防治，化学农药的选择可参考其他鳞翅目害虫。

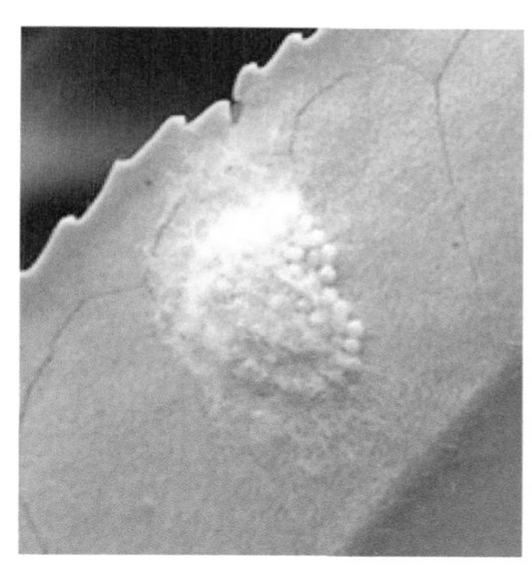

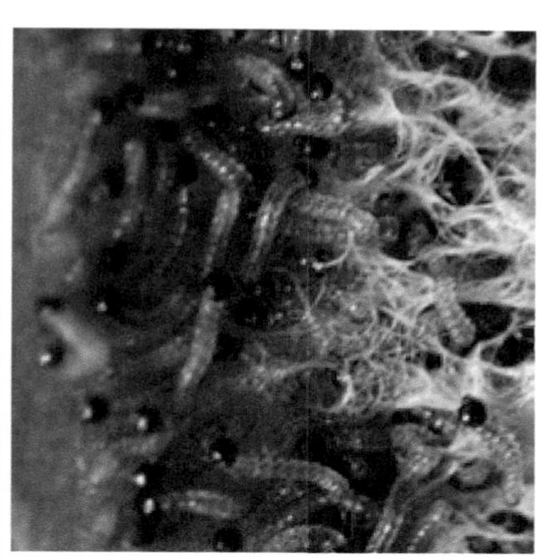

斜纹夜蛾卵块

斜纹夜蛾初孵幼虫

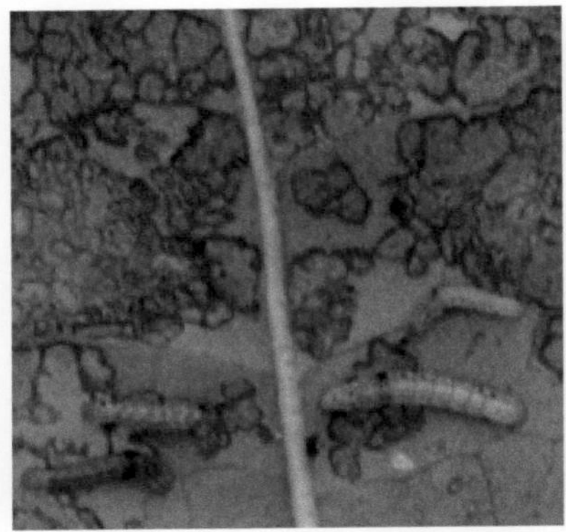

斜纹夜蛾为害状

斜纹夜蛾幼虫

斜纹夜蛾成虫

33. 茶　蚕

分布及为害　茶蚕（*Andrcaca bipunctata* Waller）即茶蚕蛾，又名茶钩翅蛾或茶叶带蛾，分布各茶区。幼虫咬食叶片，一般为害中下部侧枝，被害处仅剩叶脉或秃枝。在油茶、山茶上也有发生。

识别特征　雌蛾暗黄褐色，体长 15 ～ 21 mm，触角短栉齿状，前翅内、中、外横线暗褐色，内、中横线之间有 1 黑点，翅尖镰钩形。雄蛾暗褐色，体长 12 ～ 15 mm，触角双栉齿状，前翅横线及黑点不明显，翅尖近直角形。卵淡黄色，椭圆形，长约 1.2 mm，孵化前暗紫色。幼虫初龄橙红色，长 3 ～ 7 mm，成长时赤褐色，长 38 ～ 60 mm，胸、腹每节有白色的纵纹 11 条、细横纹 3 条，相交形成近方形的斑块。蛹暗赤褐色，长 13 ～ 22 mm。茧棕黄色。

生活习性　一年发生 2 ～ 4 代，在福建省低海拔茶区年发生 4 代，以卵越冬。幼虫盛期常在 3 ～ 4 月、5 ～ 6 月、10 月、12 月至翌年 2 月间，高山茶园年发生 3 代，常在 4 月、6 月、9 ～ 10 月间。幼虫群集性强，并具假死性，一般有 5 龄，1 ～ 2 龄常群集在原着卵叶背取食，食剩残脉后转移；3 龄后常在枝上缠结成团，食成秃枝，渐分数群，受惊后则吐水且纷纷佯死坠地。幼虫老熟后爬至茶丛基部枝干分叉处或枯枝落叶间浅土中吐丝结茧化蛹，成虫无趋光性，卵产于茶丛中上部嫩叶背面，常数十粒集成数行平列。

茶蚕卵块

茶蚕成虫

茶蚕幼虫

防治方法 （1）人工防治。结合茶园管理人工随手采除虫群、卵块。（2）化学防治。在1～2龄幼虫盛期喷药，用药可参考茶毛虫。

34．茶叶斑蛾

分布及为害 茶叶斑蛾（*Eterusial aedea* Linnaeus）又名茶斑蛾。分布各茶区。幼虫咀食叶片为害，严重处仅剩叶柄和部分主脉。

识别特征 雌成虫蓝黑色，腹背第3节起土黄色，体长19～22 mm，触角短栉齿状。前翅灰黑色，前后翅分别有3个和2个黄白色斑，展翅时前后翅近基部黄白色斑连成宽带；雄成虫色彩稍淡，体长17～20 mm，触角双栉齿状。卵椭圆形，淡黄后转灰褐色。幼虫体形肥厚，黄褐色，长 20 ～ 28 mm，体背除首末 2 节外，各节均生有疣突，中、后胸各有疣突 5 对，腹部第 1 ～ 8 节各有 3 对，第 9 腹节有 2 对。其中侧面即气门线上的 1 对呈红色，疣突上均长有短毛。体背常有不定型褐色花斑，体似刺蛾幼虫，但无毒。茧褐至赭褐色，长椭圆形，丝质，紧贴于叶面中脉处，叶缘向上卷折。蛹长 19 ～ 21 mm，黄至黄褐色。

生活习性　年发生 2 ～ 3 代，以幼虫在土表、落叶间或下部枝叶上越冬。在福建闽东年有 3 代。成虫 4 月、7 月、10 月出现，善飞，有趋光性，受惊后头、胸部常分泌出透明泡沫。每雌产卵数十粒至二三百粒，常数十粒堆集在枝干或叶背上，覆以稀薄白色细丝。卵期约 7 d。初龄幼虫有群集性，受惊即迅速吐丝坠地，多于茶丛中下部成叶背面取食叶背仅剩上表皮成半透明枯黄斑，2 龄后逐渐分散取食叶片成缺刻甚至秃脉，行动迟缓。高温强光下，潜入中下部丛内，黄昏后再返回树上。受惊后体背瘤状突起能分泌透明黏液。成熟幼虫在老叶背面上吐丝将叶片稍向内卷曲并结茧化蛹，一般蛹期约 20 d。

防治方法　（1）农业防治。结合冬季茶园管理，清除茶蔸内和根际落叶，集中烧毁或开沟深埋；结合中耕除草振落，随即中耕埋杀、机械杀伤或踩死；结合防冻在茶蔸培土 6.6 cm 压实，以杀灭越冬幼虫。（2）人工防治。利用幼龄幼虫受惊吐丝落地的习性，及时进行人工震落捕杀；清晨幼虫多在茶丛上部，可及时捕捉。（3）灯光诱杀。发蛾盛期用黑光灯诱杀。（4）生物防治。喷施 8 000 IU/mg 苏云金杆菌制剂 1 000 倍液或 1.2% 苦参素水剂 500 ～ 1 000 倍液防治。（5）药剂防治。选用 50% 敌敌畏乳油 1 000 倍液、10% 醚菊酯乳油 2 000 倍液、10% 氯氰菊酯乳油或 2.5% 氯氟氰菊酯乳油或 10% 联苯菊酯乳油 3 000 ～ 5 000 倍液等喷雾防治。

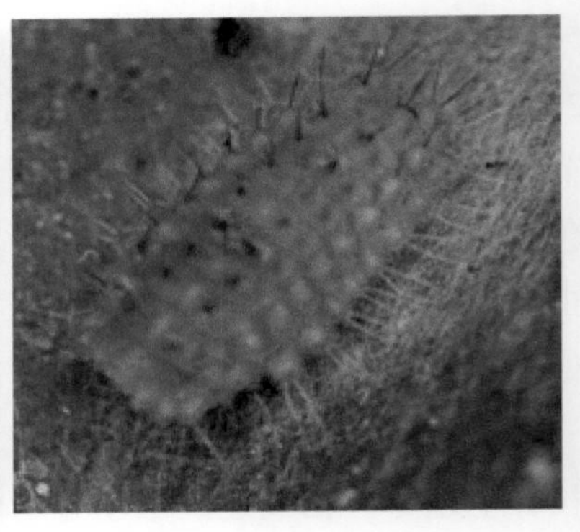

茶斑蛾幼虫

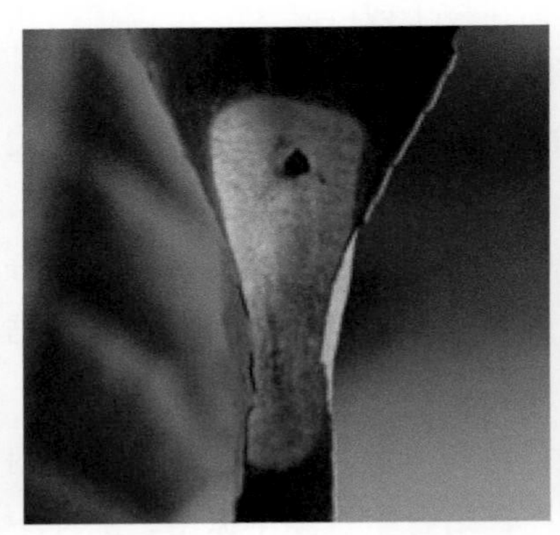

茶斑蛾茧

茶斑蛾成虫

35. 茶鹿蛾

分布及为害 茶鹿蛾（*Amata germana* Felder）又名黄腹鹿蛾、茶鹿子蛾。分布各茶区。幼虫取食叶片，未见严重为害。

形态特征 成虫体黑褐色，体长12～16mm。触角丝状，黑色，顶端白色。头黑色，额橙黄色。颈板、翅基片黑褐色，中、后胸各有一橙黄色斑。腹部各节具橙黄色带。翅黑色，前翅基部通常具黄色鳞毛，翅面有5个透明大斑。后翅小，中室附近为一透明大斑。卵椭圆形，乳白至黄褐色，表面有放射状不规则斑纹。老熟幼虫体长 22 ～ 29 mm，头橙红色，体紫黑色。头部颅中沟两侧各有一长形黑斑，胸部各节有 4 对毛瘤，腹部各节有 6 ～ 7 对毛瘤，腹足橙红色。蛹纺锤形，橙红色，体上具小黑斑，臀棘具钩刺 48 ～ 56 枚。

生活习性 闽东年发生 2 代。成虫 5 ～ 6 月及 8 ～ 9 月出现，有趋光性，每雌产卵百多粒，常数十粒聚在叶背；卵期 4 ～ 9 d。幼虫 7 龄，初龄幼虫群聚于叶背，取食叶片下表皮呈半透膜，2 龄以后分散为害，取食叶片成缺刻或孔洞，5 龄以后食量较大。老熟幼虫在缀叶或落叶间化蛹，一般蛹期 10 多天。

防治方法 随见随采除卵、虫、蛹；其他参照茶毛虫。

茶鹿蛾成虫

36．茶潜叶蝇

分布及为害 茶潜叶蝇（*Chlorops theae* Lef.）又名茶书字虫，以幼虫潜食叶肉，叶面出现白色弯曲的条纹或斑纹，降低茶叶品质。普遍分布各茶区，一般零星发生，以山区和丘陵区茶园较常见。

形态特征 成虫体黑色带蓝色光泽，长约 1.5 mm；复眼大型带红色；胸部球形，列生黑刺毛；翅宽大、透明，有暗色微细毛。幼虫淡黄色，圆筒形，长约 2.2 mm，口钩黑褐色，第 3 节背面有 2 个黑褐色线状突起。蛹黄褐色或暗褐色，纺锤形，长约 2 mm，腹端狭小有黑褐色突起。

茶潜叶蝇为害状

茶潜叶蝇潜道内化蛹

茶潜叶蝇成虫

生活习性　年发生多代，重叠发生，闽东以蛹越冬；成虫从春茶萌发嫩叶时开始出现，至秋梢停止生长时终见。卵散产在嫩叶表面，幼虫孵化后潜入叶面表皮下蛀食，潜道处叶表皮呈白膜状；幼虫在潜道末端化蛹，成虫羽化后钻出潜道。

防治方法　摘除虫蛹叶或参照茶细蛾防治。

37．茶丽纹象甲

分布及为害　茶丽纹象甲（*Myllocerinus aurolineatus* Voss）又名茶叶象甲、茶小绿象甲。分布全省各茶区。主要为害夏茶，幼虫在土中食须根，主要以成虫咀食叶片为害，严重时全园残叶秃脉，对茶叶产量和品质影响很大，又损伤树势。

识别特征　成虫体长 7 mm 左右，灰黑色稍带光泽，体背上覆黄白或黄绿色鳞片集成的纵纹，2 纹从头至前胸；1 纹沿鞘缝常直达鞘端或前胸中央；鞘缝纹两侧各 2 ～ 3 纹，常对称地间断或相连。卵椭圆形，淡黄白色，幼虫黄白色，长 7 ～ 10 mm，头淡褐色。蛹为离蛹，淡黄色，长 5.5 ～ 7 mm，头钝腹锐，眼黄色，近羽化前眼灰褐色、体淡灰褐色。

生活习性　1 年发生 1 代，以幼虫在茶丛根际土中越冬，翌年 3 月中旬幼虫老熟后陆续筑土室化蛹，在闽东 4 月上旬开始陆续羽化、出土，5 ～ 6 月为成虫为害盛期，也是入土产卵盛期。成虫羽化后，先在土中潜伏 2 ～ 3 d 再出土，成虫喜食幼嫩叶片，致使叶片边缘呈波状缺刻。一般清晨露水干后开始活动，中午日光强时多栖息于叶背或枝叶间荫蔽处，晴天白天很少取食，黄昏后取食最盛，阴天则全天均取食。成虫善爬行，飞翔力弱，有假死性，稍遇惊即缩足落地，耐饥力强，能忍耐 5 d 以上的饥饿。卵散产于土表，幼虫孵化后在表土中活动取食。卵、虫、蛹多分布在树下 3 ～ 30 mm 深的土中。茶园常发现白僵菌寄生茶丽纹象甲虫尸，但田间自然寄生率较低。

防治方法 （1）农业防治。结合土壤耕作或开沟施肥耕翻松土，杀除土中幼虫和蛹。（2）人工防治。利用成虫假死性，地面铺塑料薄膜，然后用力振落集中消灭。（3）生物防治。于幼虫期土面撒施或成虫期每 667 m^2 喷施白僵菌 871 菌粉 1 ～ 2 kg。（4）药剂防治。于成虫初盛期喷施 1.2% 苦参素水剂 500 倍液，或选用 2.5% 联苯菊酯乳油 800 倍液、50% 倍硫磷乳油 1 000 倍液等。因该虫具假死性，动即落地，所以，注意务必前进喷药并喷透茶丛地面。

茶丽纹象甲为害状

茶丽纹象甲幼虫和蛹

茶丽纹象甲成虫

38. 茶芽粗腿象甲

分布及为害　茶芽粗腿象甲（*Ochyronera quadimaculate* Voss）又名茶四斑小象甲，各茶区均有分布。福建主要以闽北与闽西为害较重。以成虫蚕食嫩叶为害，被害叶叶面多孔洞，连成枯斑，盛害处嫩梢无完整芽叶，降低鲜叶产量和品质，又损伤树势。

识别特征　成虫长约 3.5 mm，头喙长约 1.0 mm，头及前胸背棕黄至棕红色，余皆淡黄；触角球杆状，生于喙端 1/3 处，胸部腹面黄褐；鞘翅棕黄，中央及前缘近基部 1/3 处有黑斑相连，近翅端另有 1 黑斑；足棕黄色，多白毛，腿节膨大，内侧有 1 较大齿突。卵椭圆形，乳白色。成熟幼虫体长 4.0 ～ 4.5 mm，头棕黄，体乳白，肥而多皱，多细毛，无足，尾部背侧有 1 对小角突。蛹椭圆形，长约 3.9 mm，白至淡黄色，隆起并长有毛突，复眼棕黄色；翅白，有 9 条纵脊；腹末有 2 枚短刺。

生活习性　一年发生 1 代，以幼虫在茶丛根际土壤中越冬。在闽东早春 3 月中旬化蛹，下旬盛蛹，4 月上旬成虫开始羽化出土，中旬进入出土羽化盛蛹，下旬至 5 月上旬大量为害并进入产卵盛期。成虫趋嫩性强，均在春梢嫩叶背面活动栖息，主要取食芽下1～3叶，自叶尖、叶缘开始咬食下表皮及叶肉，残留上表皮，呈现多个半透明小圆斑；进而随取食孔增加，即连成不规则的黄褐色枯斑，叶上常留有黑毛粪粒。每头成虫食叶量达257.3 mm^2。成虫爬行敏捷，不善飞翔，夜晚活动取食，日间隐匿于茶丛叶层内。具假死性，受惊即缩足坠地佯死。成虫寿命平均长达67.1 d。卵多产于茶树根际落叶和表土中。幼虫孵化后即潜入表土，取食须根。幼虫虫口以根际15 cm、土深0～5 cm范围内最多。

防治方法　参见茶丽纹象甲。

茶芽粗腿象甲为害状

茶芽粗腿象甲成虫

39. 茶角胸叶甲

分布及为害　茶角胸叶甲（*Basilepta melanopus* Lefevre）主要分布于闽北茶区。幼虫取食茶树根系，成虫咬食茶树嫩梢芽叶或成叶，形成不规则缺刻或孔洞，致叶片千疮百孔，破烂不堪。对夏茶产量、品质影响很大。

识别特征　雌成虫体长约 3.5 mm，宽约 1.8 mm，雄体略小，体翅棕黄色至深褐色。头部刻点小且稀，复眼椭圆形，黑褐色。触角丝状多细毛，11 节，第 1 节膨大，第 2 节短粗，其余各节基部略细，端部略粗，第 4 节黄褐色，端各节黑褐色。前胸背板宽于长，刻点排列不规则，刻点较大且密，两侧缘中后部成角突，后缘具一隆脊线。小盾片近梯形，光滑无刻点。鞘翅背面具 10 ～ 11 行小刻点，每行 24 ～ 38 个，排列整齐。后翅浅褐色膜质。各足腿节、胫节端部及跗节黑褐色，余黄褐色。卵长 0.7 mm，长椭圆形，两端钝圆，初白色，孵化前变为暗黄色。末龄幼虫体长 4.4 ～ 5.2 mm，“C” 形，头部黄褐色，上颚黑褐色，体白微带黄色，3 对胸足。蛹长 3.9 ～ 4.1 mm，头浅黄色，复眼棕红，余皆乳白色，体表散生淡黄细毛，后足腿节末端有一明显的棕黄色长齿和 2 ～ 3 根长刚毛，腹末有 1 对长而稍弯的巨刺。

生活习性 年发生一代，以幼虫在根际土壤中越冬。翌年 3 月下旬幼虫多数老熟，4 月上旬幼虫开始化蛹，5 月上旬成虫羽化，成虫羽化后在土中潜伏 2 ～ 3 d 后出土，畏强光，以黄昏夜晚或阴天活动取食为盛，但在露水未干时很少活动，主要取食当季新梢嫩叶，自叶背咬成直径约 2 mm 的圆孔，一生可咬出 300 多个孔洞，5 月中旬至 6 月中旬进入成虫为害盛期，6 月下旬开始减少。成虫具假死性，飞翔力较强，遇惊后即从叶片上坠落飞逃，无趋光性，能耐饥 1 ～ 2 d；5 月下旬开始交配产卵，每雌可产卵 50 ～ 80 粒，常 10 ～ 20 多粒堆产在茶树根颈部附近地面落叶间或浅土中，7 月上旬开始孵化，幼虫孵化后取食根际表土中的腐殖质和须根。该虫卵期约 14 d，幼虫期约 280 d，蛹期约 15 d，成虫期约 50 d。天敌有蚂蚁、黑步甲、毛列步甲等。

茶角胸叶甲为害状

茶角胸叶甲蛹

茶角胸叶甲成虫

防治方法 （1）农业防治。耕翻土壤杀灭幼虫和蛹。（2）生物防治。结合耕翻用白僵菌、苏云金杆菌处理土壤。在成虫初盛期选用5%天然除虫菊素乳油、0.5%藜芦碱粉剂等植物源农药1 000倍液喷雾防治。（3）化学防治。在幼虫、蛹期结合耕翻毒土杀灭；在成虫盛期选用2.5%联苯菊酯乳油1 000倍液、2.5%溴氰菊酯乳油3 000倍液、50%辛硫磷乳油1 500倍液等喷雾防治，注意要喷湿茶丛、地面落叶及周围杂草。隔10 d酌情二次施药。

40. 甲虫类其他害虫

福建省茶园还有大灰象甲（*Sympiezomias citri* Chao）、小灰象甲（*Phytoscaphus dentirostris* Voss）、绿鳞象甲（*Hypomeces squamosus* Fabricius）、茶籽象甲（*Curculio chinensis* Chevrolat）棕长颈卷叶象甲（*Paratrachelophrous nodicornis* Voss）等，其中，茶籽象甲为害茶果为主，也可取食叶片，吸食嫩茎汁液；棕长颈卷叶象甲卷叶产卵，取食叶片。茶籽象甲和大灰象甲在福建茶园常见，其他多为偶发性害虫，一般1年发生1代，常混合发生，不需要专门防治，多数种类的生活史中除成虫期外，均在土中完成，11月至翌年3月间通过耕杀毒土可集中防治该类害虫。

大灰象甲幼虫

大灰象甲成虫

棕长颈卷叶象甲虫苞

棕长颈卷叶象甲蛹

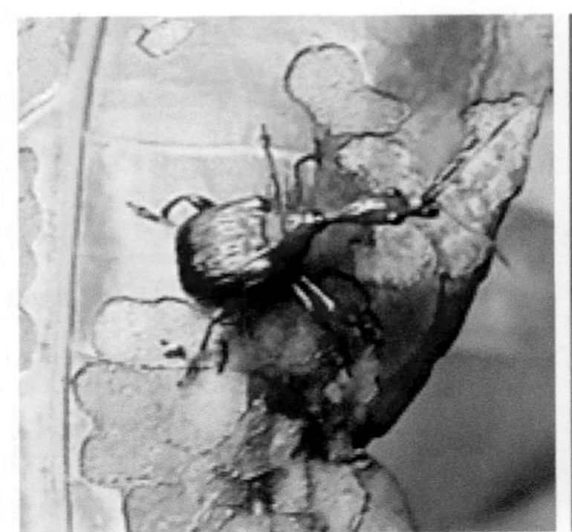

棕长颈卷叶象甲成虫及其为害状

茶籽象甲成虫

41. 茶　蚜

分布及为害　茶蚜（*Toxoptera aurantii Boyer* de FonscoLombe）又名茶二叉蚜。普遍分布各茶区。成虫和若虫群集在嫩梢枝叶上吸取汁液，致使茶芽萎缩畸形，停止生长。同时，分泌蜜露污染嫩梢影响茶叶品质，诱发茶煤病。

识别特征　有翅型雌成虫体黑褐色，长约 1.6 mm，翅透明，前翅中脉有一分支。无翅胎生雌蚜卵圆形，暗褐色，长约 2 mm。若虫外形与成虫相似，淡黄至淡棕色，体长 0.2 ～ 0.5 mm，触角 1 龄 4 节、2 龄 5 节、3 龄 6 节。卵长椭圆形，长径约 0.6 mm，初产时浅黄色，后转棕色至黑色，有光泽。

生活习性　年发生 20 多代，无性世代重叠发生，在福建全年可见，春秋两季发生最盛，趋嫩性和群集性强，聚集于嫩梢和嫩叶叶背为害。多行孤雌生殖（胎生），一般为无翅蚜，当虫口密度大或环境条件不宜时，产生有翅蚜飞迁到其他嫩梢为害。至秋末，出现两性蚜，交尾后雌蚜产卵于叶背，常 10 余粒到数十粒产在一起，但排列不整齐，较疏散。冬季下移聚集于腋芽处、花蕾上。幼龄茶园、台刈复壮茶园、修剪留养茶园及苗圃发生较多。茶蚜的天敌资源十分丰富，茶园常见有瓢虫、草蛉、食蚜蝇等捕食性天敌和蚜茧蜂等寄生性天敌，也常见蜡蚧轮枝菌寄生。

防治方法（1）采摘灭虫。及时分批多次采摘，直接采除虫口，减少食料来源。（2）保护天敌。注意保护瓢虫、寄生蜂、草蛉及食蚜蝇等，利用自然天敌的控制作用。（3）药剂防治。因该虫对药剂的敏感性较强，一般药剂防治均有效，在防治其他害虫时都能兼治该虫，通常不专门防治。可喷施 0.5% 藜芦碱可湿性粉剂 1 000 倍液，或 40% 敌敌畏乳油 1 000 倍液，或 2.5% 联苯菊酯乳油 1 000 倍液等进行防治。

茶蚜为害状

42. 假眼小绿叶蝉

分布及为害 假眼小绿叶蝉（*Empoasca vitis* Gothe）又名茶小绿叶蝉，分布各茶区。该虫主要以成虫、若虫刺吸茶树叶片、嫩梢汁液为害，使芽叶卷曲、萎缩、硬化，叶尖、叶缘红褐焦枯或嫩叶枯落，嫩梢短小、畸形；尤其小苗、幼株及修剪、台刈后萌发的新梢常被害至枯死。雌成虫产卵于嫩梢茎内，致使茶树生长受阻。全年以夏茶受害最重。

识别特征 成虫体长 3 ～ 4 mm，全身黄绿至绿色，头顶中央有一白纹，两侧各有 1 个不明显黑点，复眼内侧和头部后缘亦有白纹，与前一白纹连成“山”形。前翅绿色半透明，后翅无色透明。雌成虫腹面草绿色，产卵管伸出于尾节；雄成虫腹面黄绿色，尾节有 2 片板。卵长约 0.8 mm，近圆筒形而稍弯曲，将孵化时前端可透见红色眼点；若虫除翅尚未形成外，体形、体色与成虫相似。

生活习性　一般年发生 9 ～ 12 代，在福建全年为害，闽东茶区年发生 12 ～ 13 代，为害最盛期在 5 ～ 6 月及 9 ～ 10 月间，高山茶区年发生 8 ～ 9 代，为害盛期 7 ～ 9 月间，无明显越冬现象，冬季晴天台刈茶园幼嫩芽梢上仍见成若虫取食为害；卵主要单粒散产于新梢第 2 ～ 3 叶嫩茎内，也能产在叶柄或主脉内。有陆续孕卵和分批产卵习性，故世代重叠和虫态混杂严重。若虫共有 5 龄，3 龄后活泼，善爬善跳，稍受惊动即跳开或沿枝梢迅速向下爬离潜逃，成虫飞翔能力弱，有趋光性，对黄色有较强趋性。幼虫和成虫趋嫩性强，为害芽梢，为害程度根据受害症状的变化过程划分成 4 个等级，受害芽叶出现湿润状斑，晴天午间芽叶出现凋萎状，夜间、清晨、雨天能恢复正常（湿润期），叶脉、叶缘变暗红，对光观察更明显（红脉期），叶脉、叶缘红色转深，并逐渐向叶片中部扩张，叶尖、叶缘逐渐卷曲，形成“焦头”“焦边”，芽叶生长停滞（焦边期），“焦头”“焦边”不断向全叶扩张，至全叶枯焦，甚至脱落，如同火烧（枯焦期）。成虫多栖息于茶丛叶层，若虫怕阳光直射，常栖息于嫩叶背面。雨天和晨露时不活动。能在马铃薯、麦类、豆类、油菜、甘薯及绿肥、杂草上取食，时晴时雨、留养或杂草丛生的茶园有利于此虫的发生。

防治方法　（1）农业防治。加强茶园管理，清除园间杂草，及时分批多次采摘，可减少虫卵并恶化营养条件和繁殖场所，减轻为害。（2）物理机械防治。利用黄色诱虫板或配合性信息素诱杀成虫。（3）药剂防治。采摘季节在低龄若虫期选用 7.5% 鱼藤酮乳油 1 000 倍液，或 0.6% 苦参碱水剂 1 000 ～ 1 500 倍液，或 3% 天然除虫菊素水剂 800 ～ 1 000 倍液等植物源农药喷雾防治，5 ～ 7 d 后酌情二次施药。或选用 15% 茚虫威乳油 2 500 ～ 3 000

倍液、10% 溴虫腈（虫螨腈）乳油 1 000 ～ 3 000 倍液、2.5% 三氟氯氰菊酯乳油 6 000 ～ 8 000 倍液、10% 氯氰菊酯乳油 6 000 倍液、2.5% 溴氰菊酯乳油 6 000 倍液、2.5% 联苯菊酯乳油 3 000 倍液化学农药等喷雾防治；发生严重的茶园，暖冬年份越冬虫口基数大，应做好冬防工作，消灭越冬虫源。

假眼小绿叶蝉为害状

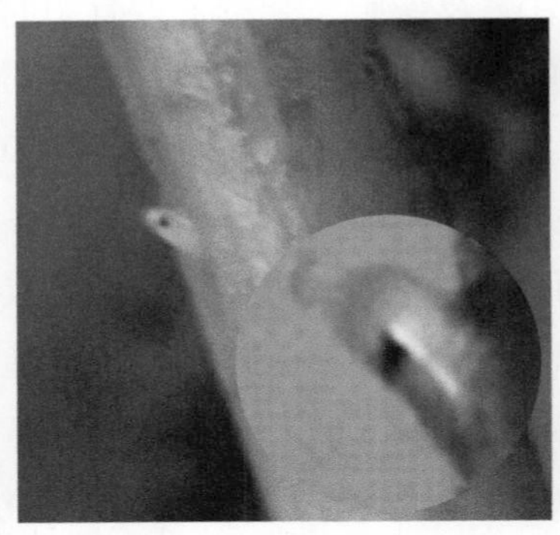

假眼小绿叶蝉卵

假眼小绿叶蝉初孵若虫

假眼小绿叶蝉若虫

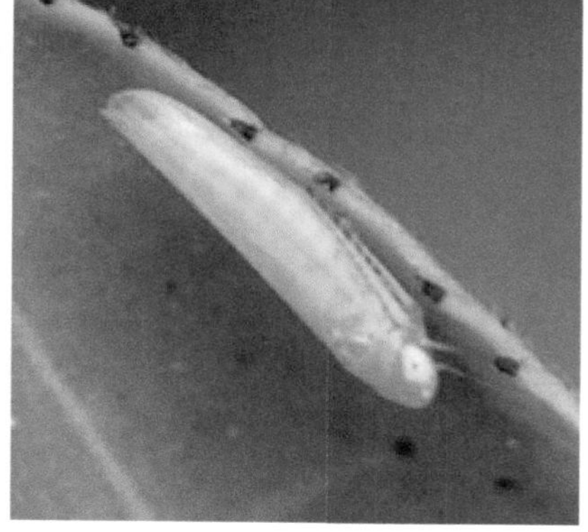
假眼小绿叶蝉成虫

43. 碧蛾蜡蝉

分布及为害　碧蛾蜡蝉（*Geisha distinctissima* Walker）又名茶蛾蜡蝉，普遍分布于各茶区。寄主植物种类较多，是茶园常见害虫，但在茶园一般发生量较低，仅局部成灾。以成虫和若虫刺吸嫩梢、叶片取食为害，使新梢生长迟缓，芽叶质量降低；雌虫产卵时刺伤嫩茎皮层，严重时致嫩梢枯死；若虫分泌蜡丝，严重时枝、茎、叶上布满白色蜡质絮状物，致使树势衰弱。此外，该虫排泄的“蜜露”还可诱发煤烟病。

形态特征　成虫体长 6 ~ 8 mm，翅展 18 ~ 21 mm。体翅黄绿色。顶短，略向前突出；额长大于宽，具中脊，侧缘脊状带褐色；唇基色稍深；喙短粗，伸达中足基节处；复眼黑褐色，单眼黄色。前胸背板短，前缘中部呈弧形突出达复眼前沿，后缘弧形凹入，有淡褐色纵带 2 条；中胸背板很长，中域平坦，具互相平行的纵脊 3 条及淡褐色纵带 2 条。腹部淡黄褐色，被白粉。前翅宽阔，外缘平直，有 1 条红色细纹绕过顶角经过外缘伸达后缘爪片末端，翅脉黄色，翅面散布多条横脉。后翅灰白色，翅脉淡黄褐色。足胫节和跗节色略深。若虫体绿色，体覆白色蜡絮，复眼灰色，触角和足淡黄色，长形、扁平，腹末截形，附1束白绢状长蜡丝，初孵若虫长约2 mm，老熟若虫体长5～6 mm。卵乳白色，纺锤形，长1.5 mm，一端较尖，一侧略平，有2条纵沟，一侧中后部呈鱼鳍状突起。

生活习性 年发生1～2代，以卵在寄主嫩茎皮层或叶片组织内越冬。在闽南4月上旬若虫开始出现，6月间第1代成虫出现，第2代成虫10月间出现后产卵在嫩茎内越冬。趋嫩性强，主要为害幼嫩枝叶，喜潮湿荫蔽畏阳光，早晨和黄昏多在茶丛蓬面枝梢间活动取食，阳光下即向丛内嫩枝或徒长枝、地蘖枝转移藏匿。成虫善飞，耐饥力差，无趋光性。羽化1个月后开始交尾产卵。卵多散产于茶丛中下部新梢皮层下或叶柄、叶背组织内，外面留有黑褐色梭形伤痕。也有3～5粒聚产成行。每雌产卵20粒左右。若虫共4龄。初孵若虫比较活泼，在茶蓬下荫蔽处嫩叶背面上取食活动，1～2龄若虫喜群聚在徒长枝或中、下部嫩枝取食，一处常达10余头到数十头。3～4龄若虫逐渐分散并向茶丛中、上部枝上转移，一枝上三四头固着刺吸，而新芽梢上却很少。若虫每次脱皮前迁移到叶背，脱皮后又爬至嫩梢固定取食，并分泌白色絮状蜡丝，逐渐将虫体覆盖，外观像一堆棉絮状物。若虫善跳，受惊即弹跳逃匿，常留下白色蜡丝。茶丛繁茂郁闭阴湿，是其发生的最佳条件。一般管理粗放，杂草丛生，氮肥偏多，春茶前未修剪，少采多留叶或留养茶园，均有利其发生。林地茶园发生较重，靠近树木的茶园周围蜡蝉发生量远大于地块中心。特别是多寄主形成的混交林能提供充足的新梢，对稳定种群起到重要的作用。产卵期间寄主的生长状况和产卵寄主的选择直接影响了来年的发生程度，未木质化的新梢有利其产卵。

碧蛾蜡蝉为害状

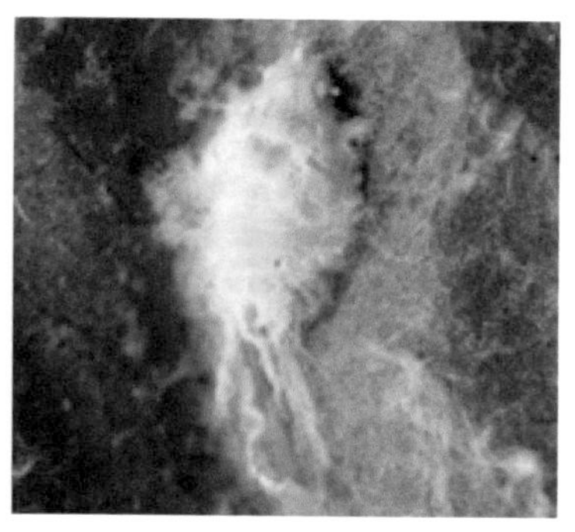

碧蛾蜡蝉若虫

碧蛾蜡蝉成虫

防治方法　（1）农业防治。在秋末、早春结合茶园修剪，剪除并清除越冬卵枝梢，减少发生基数；加强茶园管理，中耕除草，疏除徒长枝、地蘖枝等，增进茶丛通风透光，降低阴湿度，恶化害虫栖息活动场所；茶季应分批勤采，恶化其营养条件，抑制虫口发生。（2）药剂防治。应掌握若虫盛孵、初龄若虫期及时施药。一般茶园通常可喷施2.5%溴氰菊酯乳油6 000～8 000倍液、2.5%联苯菊酯乳油3 000～6 000倍液、24%溴虫腈悬浮剂2 000～3 000倍液等。药液中混用含量0.3%～0.4%的柴油乳剂可显著提高防效。在喷药时，应注意喷药质量，务必将茶蓬内中下层叶背喷湿喷遍。如果虫口密度大，应在第 1 次喷药后 7 d 左右再喷 1 次，以提高防治效果。

44. 其他蝉类害虫

茶园蜡蝉种类较多，在福建茶区常见种还有青蛾蜡蝉（*Salurnis marginellus* Guerin）、柿广翅蜡蝉（*Ricania sublimbata* Jacobi）、八点广翅蜡蝉（*Ricania speculum* Walker）、眼纹疏广蜡蝉（*Euricania ocellus* Walker）、褐带广翅蜡蝉（*Ricania taeniata* Stal）等，常有多种蜡蝉混合发生，仅局部茶园为害较重，多数种类年发生 1 ～ 2 代，蜡蝉喜阴湿畏阳光，茶丛繁茂覆盖度大以及遮阴郁闭的茶园最利其发生，均以卵越冬。沫蝉类主要有中等体形的斑带丽沫蝉、紫胸丽沫蝉等，小体形的方斑铲头沫蝉（*Clovia quadrangularis* Metcalf & Horton）等多种沫蝉；此外，还有蝉科的黑翅蝉（*Huechys sanguinea*）、象蜡蝉科的月纹象蜡蝉（*Orthopagus lunulifer*；Uhler，1896）等，偶见在茶园取食叶片、嫩茎。

青蛾蜡蝉若虫

青蛾蜡蝉成虫

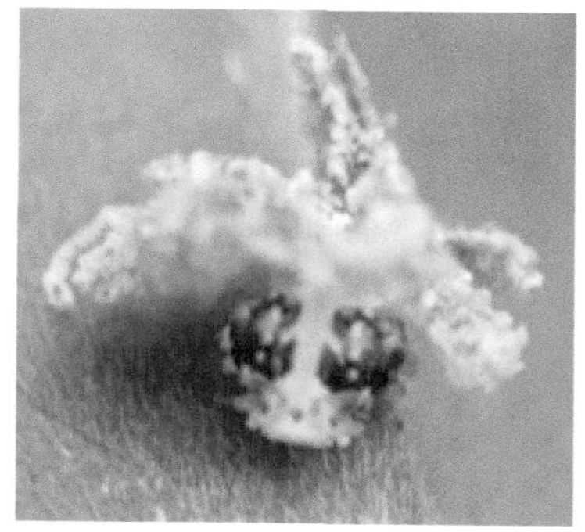

八点广翅蜡蝉若虫

八点广翅蜡蝉成虫

眼纹疏广蜡蝉若虫

眼纹疏广蜡蝉成虫

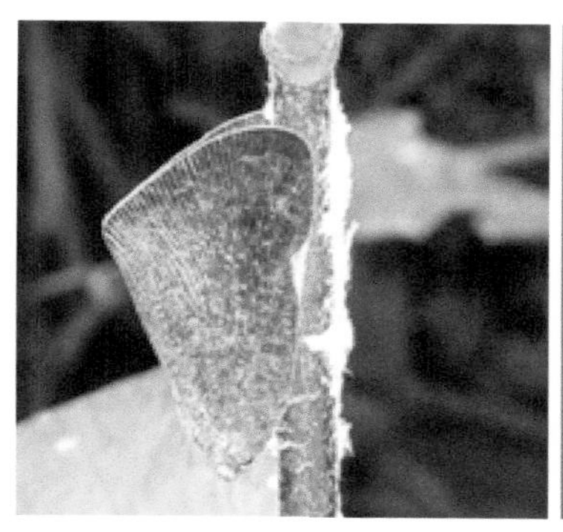

柿广翅蜡蝉成虫产卵

褐带广翅蜡蝉成虫

斑带丽沫蝉

紫胸丽沫蝉

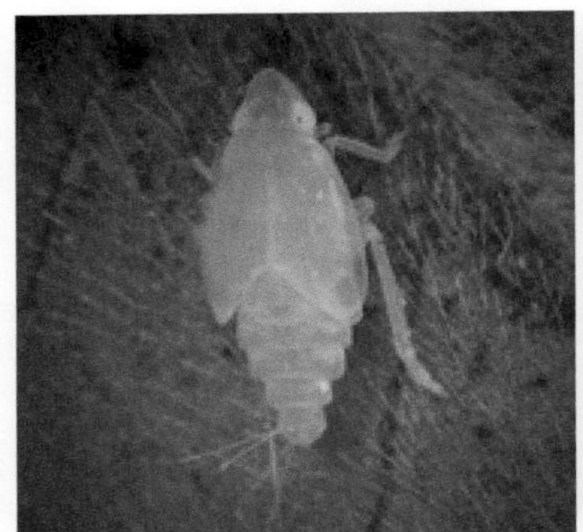

Kallitaxila granulate Stal

方斑铲头沫蝉

黑翅蝉

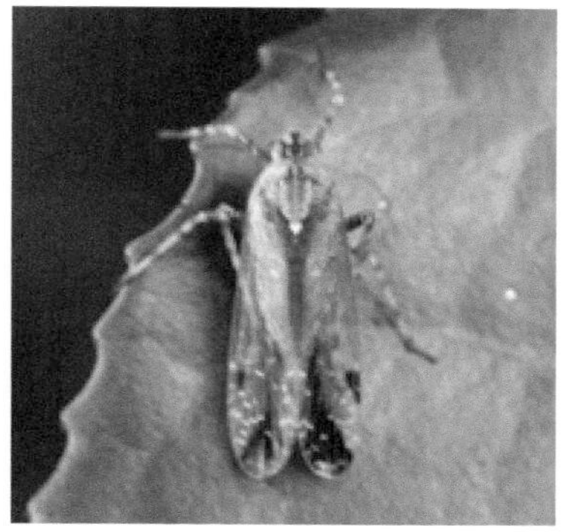
月纹象蜡蝉

45. 黑刺粉虱

分布及为害　黑刺粉虱（*Aleurocanthus camelliae* Kanmiya & Kasai）又名桔刺粉虱，分布普遍。以幼虫聚集叶背，固定吸食汁液，并排泄“蜜露”，诱发煤烟病发生。被害枝叶发黑，阻碍光合作用，影响茶芽萌发，严重时导致大量落叶，致使树势衰弱。其残留在叶背的蛹壳成为各种螨类的安全越冬场所。

识别特征　雌成虫体橙黄色，长 1.0 ～ 1.3 mm，体表覆有粉状蜡质物，复眼红色，前翅紫褐色，周缘有 7 个白斑，后翅淡紫色，无斑纹。雄虫较雌虫略小。卵长茄形，初产时乳白色，后转淡黄色，孵化前紫褐色，基部有柄附着叶背；初孵幼虫长椭圆形，长约 0.25 mm，具触角与足，体黄绿色，后渐变成黑色，周缘出现白色细蜡圈，背面出现 2 条白色蜡线，后期背侧面长出刺突。2 龄若虫触角和胸足开始退化。1 龄幼虫背侧具 6 对刺，2 龄 10 对，3 龄 14 对。幼虫老熟时体长 0.7 mm。蛹近椭圆形，初期乳黄色，透明，后渐变黑色。蛹壳黑色有光泽，长约 1 mm，周缘白色蜡圈明显，壳边呈锯齿状，背面显著隆起，背盘区胸部有 9 对刺，腹部有 10 对刺；两侧边缘雌蛹壳有刺 11 对，雄蛹壳有刺 10 对。

生活习性　年发生4～6代，在福建茶区3～11月间均有成虫孵出，全年约有5代，主要以老熟幼虫在叶背越冬，世代重叠发生，幼虫发生盛期为4月下旬至6月下旬、6月下旬至7月中旬、7月中旬至8月上旬和10月上旬至12月。成虫多在上午羽化，白天活动，以晴天早晚活动最旺盛，雨水或露水未干前基本不活动，成虫飞翔力不强，但可随风传播至远方。成虫初羽化时喜欢比较阴暗的环境，常在树冠内活动，嗜好在幼嫩树叶上生活，常停栖在芽叶上或叶背面，有一定的飞翔能力，对黄色具有较强的趋性，卵主要产在中下部成叶背面，初孵若虫能短距离爬行，但很快在原叶背面固定吸汁为害，并分泌蜡质，形成周围有白色蜡丝的蜡壳覆盖虫体，同时分泌排泄物，落到下方叶片正面，诱发煤病。经3龄老熟后，在原处化蛹。低洼、阴湿郁蔽的小生境有利于其发生。

防治方法　（1）农业防治。加强茶园管理，结合修剪疏枝，中耕除草，改善茶园通风透光条件，抑制其发生；发生严重的衰老茶园可台刈更新；秋茶封园后至早春茶芽萌芽前，喷施0.3～0.5波美度的石硫合剂，或松脂合剂10～25倍液，兼治病害、螨类和蚧类等。（2）生物防治。每667 m^2 用韦伯虫座孢菌菌粉0.5～1.0 kg喷施或用挂菌枝法即用韦伯虫座孢菌枝分别挂放茶丛四周，每平方米5～10枝；在寄生蜂等天敌多的茶园，应避免喷施化学农药，让天敌发挥自然控制效能。（3）物理机械防治。在成虫高峰期利用黄色诱虫板诱杀。（4）药剂防治。根据虫情预报于卵孵化盛期喷施15%溴虫腈悬浮剂2 000～3 000倍液，或50%辛硫磷乳油1 000倍液，或2.5%联苯菊酯乳油800～1 000倍液。注意务必喷透茶丛、喷湿叶背。

黑刺粉虱卵

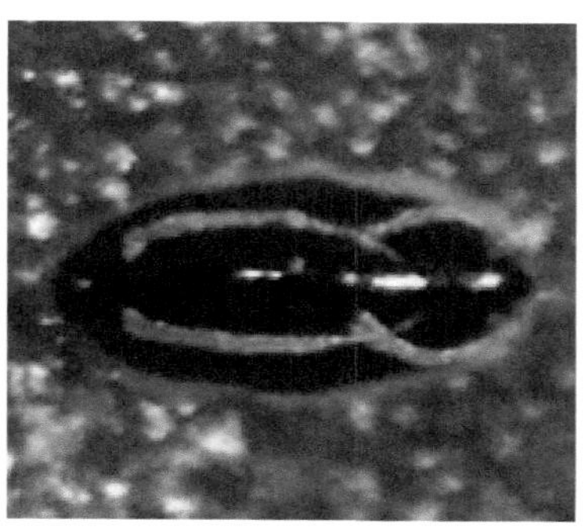

黑刺粉虱初孵幼虫

黑刺粉虱脱皮状

黑刺粉虱 1 龄幼虫

黑刺粉虱 3 龄幼虫

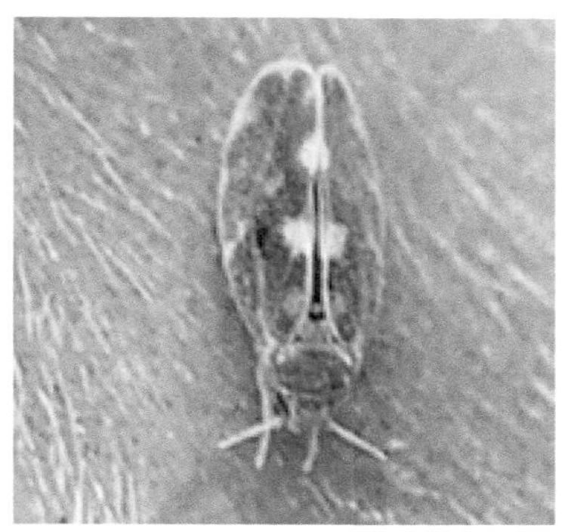

黑刺粉虱成虫

46. 椰圆蚧

分布及为害 椰圆蚧（*Aspidiotus destructor* Signoret）又名琉璃盾蚧。普遍分布各茶区。主要以若虫和雌成虫在成叶或老叶背面吸汁为害，被害叶正面呈黄绿斑点，严重时叶面布满黄斑，影响光合作用，造成落叶，甚至枝梢枯死。除茶树外，还为害柑橘、油茶、芒果、木瓜、香蕉及棕榈等。

识别特征 雌介壳圆形，直径 1.7 ～ 1.8 mm，薄而扁平，灰黄色，中央有 2 个黄色壳点。雄介壳椭圆形，长径 0.7 ～ 0.8 mm，浅黄褐色，中央有 1 个黄色壳点。雌成虫短卵形，前端较圆，后端稍尖，扁平，鲜黄色，直径 1.2 ～ 1.5 mm；雄成虫橙黄色，眼黑褐色，有 1 对增透明的翅，腹末有 1 枚交尾器。雌成虫产卵于介壳下，卵椭圆形，黄绿色，直径约 0.1 mm。初孵若虫浅黄绿色，后转黄色，眼褐色。蛹长椭圆形，黄绿色，眼褐色。

椰圆蚧叶面为害状

椰圆蚧叶背为害状

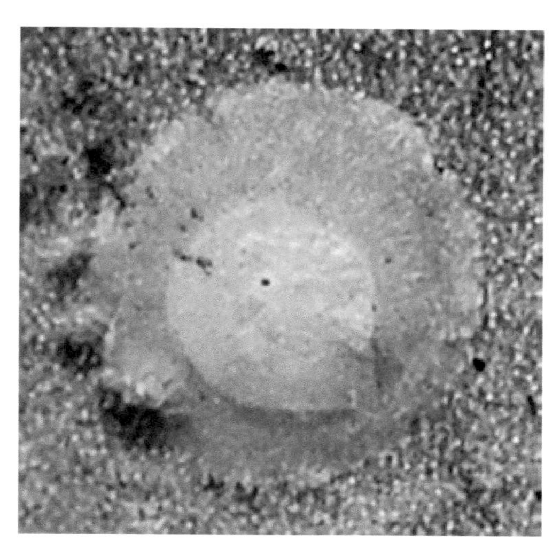

椰圆蚧若虫虫体与介壳

生活习性 年发生 2～4 代，在福建闽东年发生 4 代，以受精雌成虫在叶背的介壳内越冬，第 2 年 3 月中旬产卵，各代卵盛孵期分别在 4 月中下旬至 5 月上旬、6 月上中旬、8 月上中旬、9 月中下旬，若虫为害期分别为 5 月、7 月中下旬、8 月下旬至 9 月中旬和 10 月中旬至 11 月上旬。雄成虫羽化后爬出介壳做短距离飞行寻找雌成虫交尾，交尾后很快死亡。雌成虫不能移动，卵产在介壳下，初孵若虫均爬向茶丛中下部新梢，至叶背或嫩枝后固定后吸汁为害。一般以密植郁蔽的成龄茶园适其大量发生。

防治方法 参照黑刺粉虱。

47．茶梨蚧

分布及为害 茶梨蚧（*Pinnaspis theae* maskell）分布普遍。以若虫和雌成虫吸食枝叶汁液，叶片被害处失绿变黄渐枯死，严重时芽梢干枯，树势衰弱。

识别特征 雌介壳黄褐色长椭圆形至长梨形，长约 3 mm，有

2个壳点，位于介壳前端；雌成虫长梨形，黄色；雄介壳白色蜡质状，长形，两侧边平行，长约1.1 mm，背面有3条纵脊；雄成虫棕褐色，翅半透明，翅展约1.5 mm，眼黑色，触角9节，各节有2细毛；卵椭圆形，长0.15～0.18 mm，初产时淡黄色，逐渐变成黄褐色。若虫初孵时淡黄至橙黄色，体长0.2～0.32 mm，背线两侧色深，呈褐色至黑褐色。有胸足3对，尾部有1对长细毛，2龄后，足、触角消失。蛹长椭圆形，长约0.58 mm，体、足和触角棕色，复眼黑色，翅芽淡黄色，腹末有1枚针状交尾器。

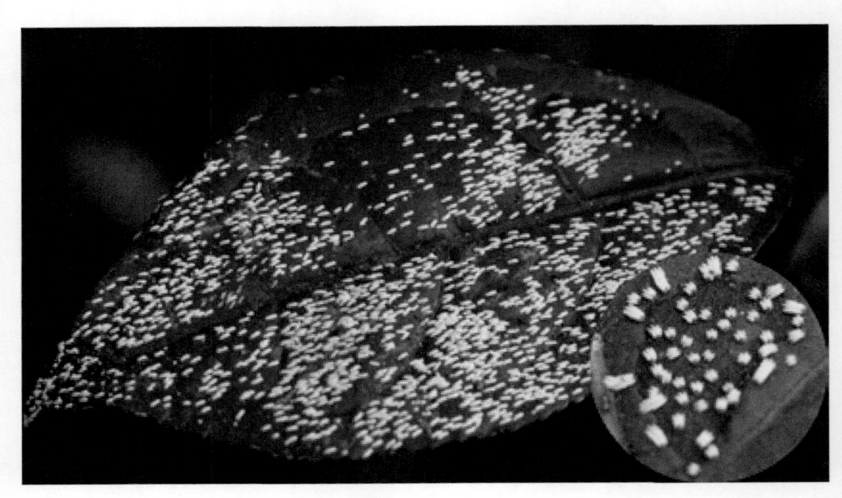

茶梨蚧为害状

生活习性 长江中下游年发生3代，以受精雌成虫在枝干或叶片主脉两侧越冬。在闽东年有4代，第1代若虫3月中旬开始出现，盛期在4月间；第2～4代若虫分别在5～6月、7～8月、9～11月出现。雄若虫多数在叶面沿主侧脉排列；雌虫多数散布在枝梢上，少数在叶片主脉两侧；雌成虫在介壳下越冬、产卵，每雌能产卵数十粒，初孵若虫爬行数小时后即固定在取食处终生不移动，并分泌蜡质渐成新介壳。密植荫蔽、通风透光不良的茶园有利其发生。

防治方法　参照黑刺粉虱。

茶梨蚧雄介壳

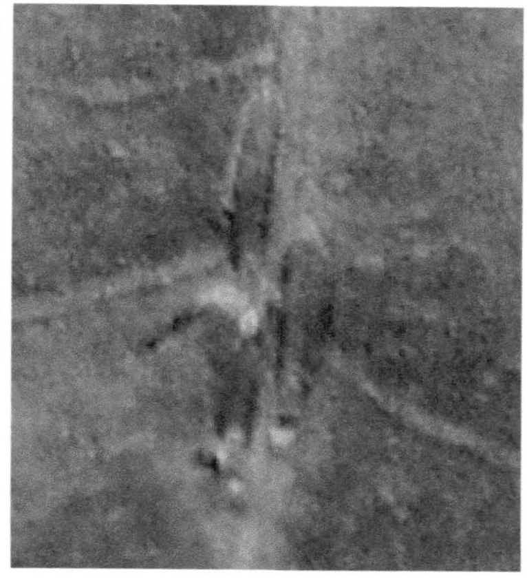

茶梨蚧雌介壳

48. 其他蚧类与粉虱害虫

茶树介壳虫多发生失管、衰老、荫蔽茶园，主要以若虫和雌成虫吸食叶片或（和）枝条的汁液，致使树势衰退，严重时枝梢枯萎，甚至全树枯死。而且，蚧类害虫不能利用茶树汁液中的糖分，排出体外后污染叶片，诱发煤病。在福建介壳虫种类繁多，分布普遍，但近年来未见大面积为害。一些蚧类害虫及其发生规律简介如下：

茶紫红蚧（*chionaspis theae* maskell）：分布各茶区。福建年发生 2 代，5、10 月为孵化盛期。

茶长绵蚧（*Chloropulvinaria floccifera* Westwood）又名蜡丝蚧：分布闽东、闽南等茶区。闽东年有 1 ～ 2 代，孵化盛期在 5 月间，其次在 10 月间。

吹绵蚧（*Icerya purchasi* Maskell）：分布各茶区。福建年发生

2～3代，各代虫龄混杂，若虫孵化最盛期常在5月间。

长白蚧（*Lopholeucaspis japonica* Cockerell）又名梨长蚧：分布闽北、闽东等茶区，闽东年有3～4代，第1代孵化盛期在4～5月。

茶牡蛎蚧（*Lepidosaphes tubulorum* Ferris）：分布各茶区，闽东年发生2～3代，第1代孵化盛期在4月中下旬至5月上中旬。

红蜡蚧（*Ceroplastes rubens* Maskell）、角蜡蚧（*Ceroplastes ceriferus* Anderson）、龟蜡蚧（*Ceroplastes japonicus* Green）：分布各茶区。福建年发生1代，孵化盛期在5～6月。

此外，草履蚧（*Drosicha corpulenta* kuwana）、康氏粉蚧 [*Pseudococcus comstocki*（Kuwana）]、褐软蚧（*Coccus hesperidum* L.）等在局部茶园发生。茶白粉虱（*Pealius akebiae* Kuwana）发生比较普遍，成虫常与黑刺粉虱一起停息在芽梢上。

草履蚧

茶长绵蚧雌成虫与卵袋

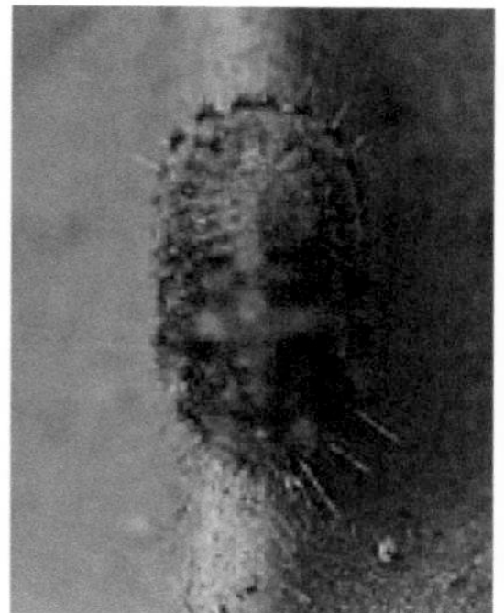

吹绵蚧

龟蜡蚧

角蜡蚧

康氏粉蚧

长白蚧

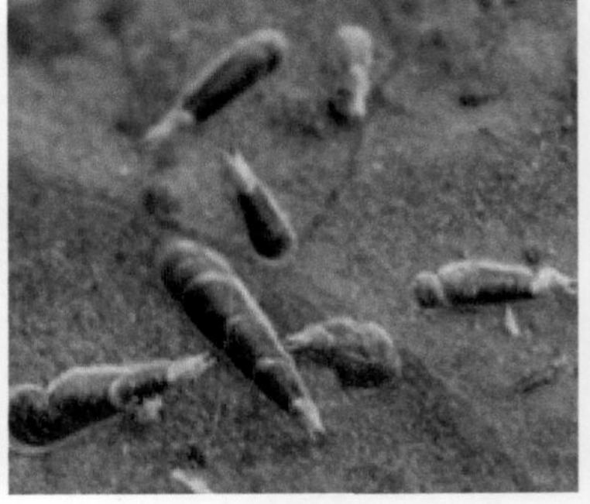

茶牡蛎蚧

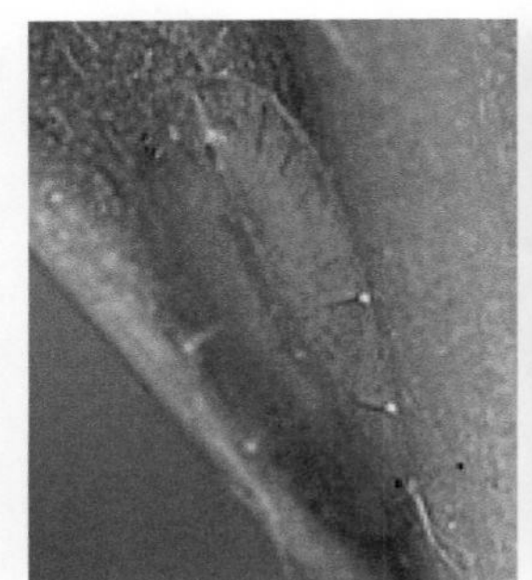

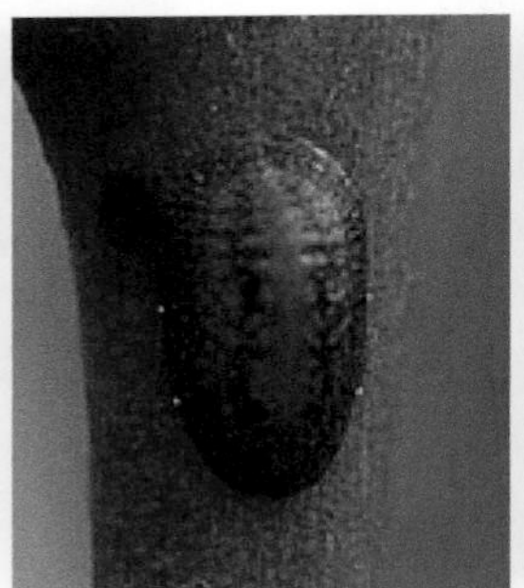

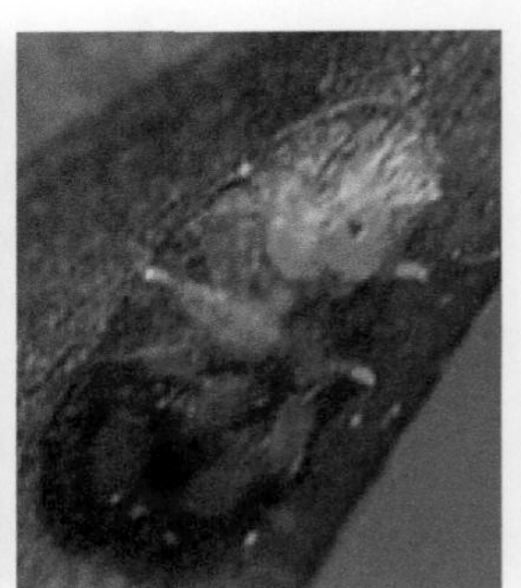

褐软蚧

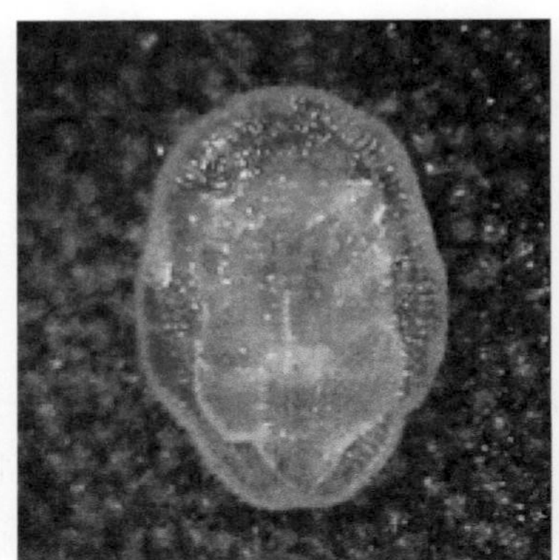

茶白粉虱

防治方法　（1）农业防治。加强茶园管理，及时采除受害叶、剪除受害枝条；增施磷钾肥，增强树势，提高抗虫能力；结合修剪疏枝，中耕除草，改善茶园通风透光条件，抑制其发生；发生严重的衰老茶园可台刈更新。（2）保护天敌。蚧类、粉虱类害虫有多种瓢虫、寄生蜂、寄生菌等天敌，应注意加以保护利用。（3）药剂防治。非采摘茶园、秋茶封园后至早春茶芽萌芽前，喷施 0.3 ～ 0.5 波美度的石硫合剂，兼治病害、螨类、蚧类和粉虱等。也可喷施松脂合剂 20 ～ 25 倍液。做好预测预报工作，当卵孵化率达 80% 左右及时喷药防治，喷施 50% 辛硫磷乳油 1 000 倍液，或 2.5% 联苯菊酯乳油 800 ～ 1 000 倍液等。注意务必喷透整个茶丛、喷湿叶背。

49. 茶黄蓟马

分布及为害　茶黄蓟马（*Scirtothrips dorsalis* Hood）又名茶叶蓟马，主要分布于长江以南地区。成若虫锉吸嫩梢芽叶汁液，也可为害叶柄、嫩茎和老叶，受害叶片叶质变僵脆，芽梢逐渐萎缩，严重影响产量和品质。食性杂，除为害茶树外，还可加害山茶、芒果、台湾相思、荔枝、苹果、石榴、双翼豆、葡萄、草莓、银杏、辣木、守宫木、穗花牧豆树等多种植物。

识别特征　成虫体橙黄色，长 0.8 ～ 0.9 mm。头宽约为长的 2 倍，短于前胸。触角 8 节，淡褐色，约为头长的 3 倍，只第 1 ～ 2 节淡黄，第 3 ～ 4 节有“U”型感觉器。复眼红褐，其上有鬃 2 根，单眼橙红色。前胸背后侧角有粗鬃 1 根，前翅狭长淡黄褐色，有两纵脉，上脉鬃 10 根，其中，基鬃 7 根，端鬃 3 根，下脉鬃 2 根。第 2 ～ 7 腹节各有一暗褐囊状斑纹，第 8 腹节后缘栉毛明显。腹部鬃毛较长。卵肾形，长约 0.2 mm，乳白至淡黄色，半透明。若虫共 2 龄。初为白色透明，1 龄若虫体长 0.3 ～ 0.5 mm，复眼红，触角粗短，头胸长约为体长之半，胸宽于腹。2 龄体长 0.5 ～ 0.8 mm，淡黄至深黄，触角暗灰，基节淡黄，中、后胸与腹部等宽，头胸长略短于腹部。前蛹即 3 龄若虫，黄色，复眼灰黑，触角第 1 ～ 2 节膨大，3 ～ 8 节渐尖。翅芽白色透明，伸达第 3 腹节，各腹节侧齿缘有一白鬃。蛹即 4 龄若虫，黄色，复眼前后半部分别为红和黑褐色，触角紧贴体背，翅芽前期伸达第 4 腹节，后期达第 8 腹节。

生活习性 在闽东全年均见成虫，无明显越冬现象，世代重叠，常在旱季盛发；成虫具黄绿色趋色性，多在叶背活动，阴凉天气也能爬至叶正面活动，较活泼，受惊后能作短距离飞迁。卵产在叶背主脉两侧的侧脉或叶肉中，单粒散产。若虫孵化后伏于嫩叶背面锉吸汁液，被害叶在背面主脉两侧对称地呈现数条红或褐色的纵纹，严重时叶背一片褐纹，条纹相应的叶片正面凸起、失去光泽。该虫趋嫩性强，多在芽及芽下 1 ～ 3 叶吸食，3 龄停食成前蛹并下移，4 龄化蛹，以根际土面和树干裂缝处居多，叶间和芽梢较少。大叶种受害较重，苗地、幼龄茶园及佛手型品种发生严重。

防治方法 （1）农业防治。采摘灭虫，及时分批多次采摘，直接采除部分卵和若虫，减少食料来源；控梢防虫，适时轻修剪，抑制害虫发生或加强水肥管理，促进新梢生长，减少采摘间隔。（2）色板诱杀。在成虫高峰期用黄色或黄绿色诱虫板诱杀。（3）药剂防治。一般可结合小绿叶蝉兼治或参考小绿叶蝉防治，或选用 2.5% 鱼藤酮乳油 300 ～ 500 倍液、99% 矿物油乳油 100 ～ 200 倍液、0.6% 苦参素水剂 600 ～ 800 倍液、1.1% 除虫菊素水剂 600 ～ 800 倍液、2.5% 联苯菊酯乳油 1 500 ～ 2 000 倍液、2.5% 三氟氯氰菊酯乳油 2 000 ～ 3 000 倍液、10% 溴虫腈悬浮剂 1 500 ～ 2 000 倍液喷雾防治，施药时注意均匀喷洒至茶蓬上部叶片正、背面，发生严重时隔 7 ～ 10 d 再喷药 1 次。

（1）茶黄蓟马卵　（2）若虫　（3）成虫　（4）为害状

茶黄蓟马

50. 茶棘皮蓟马

分布及为害 茶棘皮蓟马（*Dendrothrips minowai* Priesner）又名茶蓟马、茶棍蓟马，分布于南方茶区，在福建常与茶黄蓟马同时为害。茶棘皮蓟马在叶面和叶背锉食汁液，严重时叶面大片褐斑，叶片失去光合能力。

（1）为害状 （2）茶棍蓟马卵 （3）、（4）若虫 （5）前蛹 （6）成虫

茶棍蓟马

识别特征　雌成虫体长 0.8 ～ 1.1 mm，长为宽的 3 ～ 4 倍，近黑褐色。头及复眼色暗，触角第 3 ～ 4 节各有一角状感觉锥，第 6 节有一芒状感觉锥，长度超过末节。前胸与头等长，为前胸宽之半，背板无显鬃。翅狭长微弯，后缘平直，前翅灰色，中央偏前有一白色透明短带，合翅时肉眼可见背中一白点，前缘毛稀短不超过 30 根，仅一支脉，上脉端鬃 2 根。腹部 10 节，两侧较暗，第 9 腹节后缘环生 8 根短鬃，末节端部 4 根，中部两根较粗。卵长椭圆形，约 0.1 mm，乳白色，半透明。若虫 1 龄呈乳白色半透明，体长 0.25 ～ 0.35 mm，头扁细长，复眼鲜红，触角第 4 节最长，末数节尖细。2 龄扁肥，体长 0.4 ～ 0.5 mm，淡黄至橙红，复眼红黑，触角第 3 节倒花瓶状 5 膈，边缘锯齿状，末数节两侧各有一长毛。幼虫头黄白色，体白色，肥而多皱，成长幼虫体长 3 ～ 4 mm。前蛹（3 龄若虫）体收缩，橙红，背较暗。复眼暗红，前缘半月形红晕。触角贴向头后弯曲，第 3 节侧有 5 齿，第 4 节倒花瓶状 6 膈，第 5 节以后灰黑。前后翅芽分别伸达第 2 腹节及第 3 腹节前端。蛹（4 龄若虫）体橙红，翅芽渐长，腹部节间明显，第 3 ～ 8 节两侧锯齿状，腹末有 4 粗短鬃。

生活习性　年发生代数不详，世代重叠，且无越冬现象，冬季仍见成虫活动产卵和若虫孵化。成虫羽化交尾产卵以上午最盛。卵散产于芽下 1 ～ 3 叶内或 4 ～ 5 粒产于叶面凹陷中，以芽下第 1 叶上最多。每雌平均产卵约 30 粒。若虫多晨昏孵化，初孵若虫不甚活跃，有群集性，常十至数十头聚于叶面叶背甚至潜入芽缝取食，受害叶叶面叶柄或近叶柄处叶脉褐变，叶背呈红褐色细小斑纹，相应叶面略凸起，在叶面为害时形成大片褐斑，影响叶片的光合能力，严重受害时叶片内卷，芽梢萎缩。3 龄停食并沿枝干下移至苔藓、地衣或地表枯叶内化蛹。蛹期不食，仍可爬动。成虫不善飞，受惊则弹跳飞起，具黄色趋性。烈日下多栖息于丛下荫蔽处或芽缝内，雨天在叶背活动。趋嫩性强，主要为害芽梢叶片，基本不为害老叶，茶树品种间存在抗性差异，荫蔽的茶园为害较重。

防治方法　参照茶黄蓟马或结合兼治。

51. 蝽类害虫

福建茶区常见蝽类害虫，多为害芽梢或上部成叶，但发生量极少，一般不需要专门防治。常见蝽类害虫有绿盲蝽（*Lygus lucorum* Meyer-Dur）、云斑毛蝽（*Agonoscelis nubilis* Fabricius）、油茶宽盾蝽（*Poecilocoris latus* Dallas）等，斑缘巨蝽（*Eusthenes femoralis* Zia）成虫偶见刺吸芽梢致枯萎。

绿盲蝽：分布广，多食性。成虫和若虫吸食嫩梢汁液，叶片被害处先呈红点褐斑，随着芽梢伸展，后成孔洞残破，卷缩畸形。成虫体绿色，长约 5 mm；头黄褐色；前胸背板深绿色；翅膜质部灰色。卵黄绿色，卵盖无附属物。5 龄若虫鲜绿色。闽东年有 5 代以上，夏季约 1 个月繁殖 1 代。成虫善飞行，多食性；山区茶园 4 ～ 5 月和 9 ～ 10 月的早晨、黄昏、阴天或小雨天易见，为害春茶及留养秋梢；每雌能产卵百多粒。

云斑毛蝽：分布于闽东、南茶区。吸食嫩梢汁液，叶片被害处呈红斑，后渐枯黄焦落，盛发为害时茶叶绝收。成虫体淡黄色多黑点，长 9 ～ 11 mm；从头部至小盾片有一黄褐色纵纹；翅革质部有黑横纹与橙横纹相同的云斑。闽东山区茶园 5 ～ 7 月出现成虫，为害盛期在 6 月。

油茶宽盾蝽：是一种南方种茶树害虫，偶发性害虫，吸食叶、果汁液，被害处易感染炭疽病、叶枯病等。成虫体黄褐色，长 16 ～ 20 mm，小盾片掩盖腹部，背面有 11 个蓝黑斑。卵淡黄绿色，近球形，10 多粒一块。闽东 4 ～ 12 月均见成虫。成虫有假死性，每雌能产卵数十粒，虫、卵均在叶背。

防治方法　（1）农业防治。科学肥水管理，增加树势；及时分批多次采摘；及时清除杂草；合理密植，适当修剪，促进通风透光；做好冬季清园工作。（2）药剂防治。可选用2.5%鱼藤酮乳油300～500倍液、4.5%高效氯氢菊酯乳油1 500倍、10%联苯菊酯乳油、2.5%溴氰菊酯乳油6 000～8 000倍液、50%巴丹可溶性粉剂1 500倍液等喷雾防治，喷药时务必喷湿叶背。

斑缘巨蝽成虫

油茶宽盾蝽若虫

52. 茶橙瘿螨

分布及为害　茶橙瘿螨（*Acaphylla steinwedeni* Keifer）又名斯氏小叶瘿螨、茶刺叶瘿螨等，普遍分布各茶区，是茶园害螨优势种之一。主要以成、若螨吸食成叶及嫩叶汁液，致使被害叶片渐失光泽，叶色呈黄绿色或红铜色，叶正面主脉发红，叶背出现褐色锈斑，叶片向上卷曲，顶芽萎缩，严重影响茶叶产量和品质。

识别特征　成螨体小，黄色或橙黄色，呈胡萝卜形，长约

0.14 mm，足 2 对，腹部密生皱褶环纹（背面约 30 个），腹末有 1 对刚毛。卵半透明球形，直径约 0.04 mm；幼、若螨体色浅，呈乳白至浅橙黄色，体形与成螨相似，但腹部环纹不明显。

生活习性 年发生 20 多代，在福建茶区全年均可为害，世代重叠，无明显冬眠现象，当日均温升至 10℃以上，即可开始活动繁殖，全年有 2 次明显高峰，第 1 次在 5 ～ 6 月，第 2 次一般在高温干旱期后发生。

茶橙瘿螨大量孤雌生殖，每雌产卵少则 20 多粒，多达 50 余粒。卵散产于嫩叶叶背，以叶脉两侧凹陷处为多。幼螨孵出即在叶背栖息吸食，蜕皮 2 次经若螨变为成螨。冬季虫口多集中在上部老叶，春茶萌发后逐渐趋嫩转移为害，虫口主要分布在茶丛上层成叶及嫩叶叶背，一般以芽下 2、3 叶螨口数量较大。高湿多雨（梅雨季节）和高温干旱对其发生均不利，肥力不足特别是缺氮则有利于其发生。波尔多液等铜素杀菌剂的使用对螨有刺激发育的效应。

防治方法 （1）农业防治。实行分批多次采摘，可减少虫口数，减轻为害；适当增施氮肥；安装喷灌设施，发生量大时喷灌控虫。（2）药剂防治。在发生高峰前，尤其是在春茶结束后喷施 99% 矿物油乳油 100 ～ 150 倍液或 20% 复方浏阳霉素乳剂 1 000 倍液，或选用 20% 四螨嗪悬浮剂 1 000 ～ 1 500 倍液、20% 哒螨酮或 15% 灭螨灵乳油 2 000 ～ 3 000 倍液，或 73% 克螨特乳油 2 000 倍液、10% 溴虫腈乳油 2 000 ～ 3 000 倍液、2.5% 联苯菊酯乳油 800 ～ 1 000 倍液等进行化学防治，残效期短、杀卵效果较差的药剂施药数日后宜再喷 1 次。非采摘茶园和秋茶结束后，可喷施波美 0.5 度石硫合剂（45% 石硫合剂晶体 150 ～ 200 倍液）。注意务必喷湿叶片背面。在螨类发生季节慎用波尔多液等铜素杀菌剂，以免刺激其发生为害。

茶橙瘿螨为害状

茶橙瘿螨各虫态

53. 茶叶瘿螨

分布及为害　茶叶瘿螨（*Calacarus carinatus* Green）又名龙首丽瘿螨、茶紫瘿螨、茶紫锈螨，分布普遍，是茶园害螨优势种之一，常与茶橙瘿螨混合发生。以成螨和幼若螨吸食茶叶汁液，主要为害成叶和老叶，螨口多时嫩叶也受害严重，叶片被害渐失光泽呈紫铜色，叶面密布白色尘状蜡质蜕皮壳，叶质脆易裂，芽梢萎缩硬化，生长停滞，严重影响茶叶产量和品质。

识别特征 成螨紫黑色，长卵形，长近 0.2 mm，足 2 对，腹部有皱折环纹，体背有 5 条纵列的白色絮状物，体两侧各有排成一列的刚毛 4 根，腹末另有刚毛 1 对。卵黄白色圆球形，半透明。幼若螨淡紫褐色，形似成螨，但背面的白色絮状物和腹部环纹不明显。

茶叶瘿螨为害状

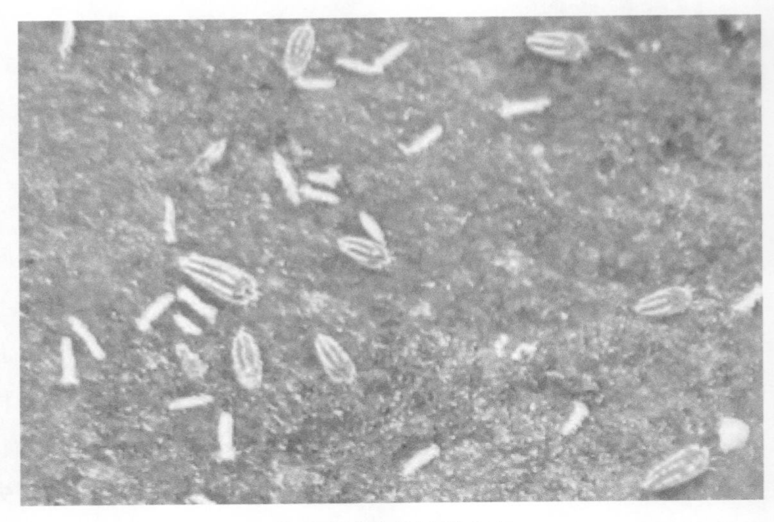

茶叶瘿螨虫体及脱皮壳

生活习性　年发生 10 多代，多以成螨在叶背越冬，春季温度回暖向叶面聚集，世代重叠发生。在福建省全年为害，尤其以 7 ～ 10 月份发生最盛。卵散产于叶正面，虫口散布于叶背、叶面，大量蜕皮壳留在叶片上，似灰白色尘状物。该虫的发生发展与气候关系颇为密切，在雨季，雨量大，雨期长，对该螨生育不利，虫口数量极少；而高温干旱对其生育有利，常形成发生高峰。

防治方法　在高温干旱季节繁殖很快，因此，在高温干旱季节早期，应密切注意发生情况，在高峰期前及时组织防治。药剂防治参考茶橙瘿螨。

54．茶跗线螨

分布及为害　茶跗线螨 [*Polyphagotarsonemus latus*（Banks），（*Hemitarsonemus* latus）] 又名侧多食跗线螨、茶半跗线螨、茶黄螨、茶黄蜘蛛，主要分布于长江流域以南地区，是茶园害螨优势种之一。食性广，成螨和幼、若螨栖息于茶树嫩芽叶背面吸汁为害，受害叶背出现铁锈色，叶片硬化增厚，叶尖扭曲畸形，芽叶萎缩，严重影响茶叶产量和品质。

识别特征　雌成体阔卵形，体长 0.2 ～ 0.25 mm，乳黄色或浅黄色，半透明，第 4 对足纤细，跗末端毛鞭长而明显，后体背中纵列乳白色条斑，产卵前变窄甚至消失。雄成体扁平，近菱形，体长约 0.17 mm，尾端稍尖锐，第 3 对足特长，第 4 对足较粗，胫跗节细长，有一鞭状长毛。卵椭圆形，长约 0.1 mm，无色透明，表面有 6 行排列整齐成网状的白色泡状突。幼螨初孵时椭圆形，乳白色半透明，体长约 0.1 mm，背有 2 宽横纹，具足 3 对，后期体菱形。若螨乳白色，长椭圆形，中部较宽，尾部稍尖，有云状花纹。

生活习性　年发生 20 ～ 30 代，世代重叠，多以雌成螨在嫩叶背、芽鳞和芽腋内分散或聚集越冬。该螨趋嫩性极强，主要为害初展的一芽二叶。主要营两性生殖，雄成螨常背负雌若螨，待变成雌成螨后即与其交配，卵单粒散产在嫩叶叶背。高温干旱的气候环境有利其发生和发展，一般夏秋茶发生较为严重。

防治方法 参照茶橙瘿螨。

茶跗线螨为害状

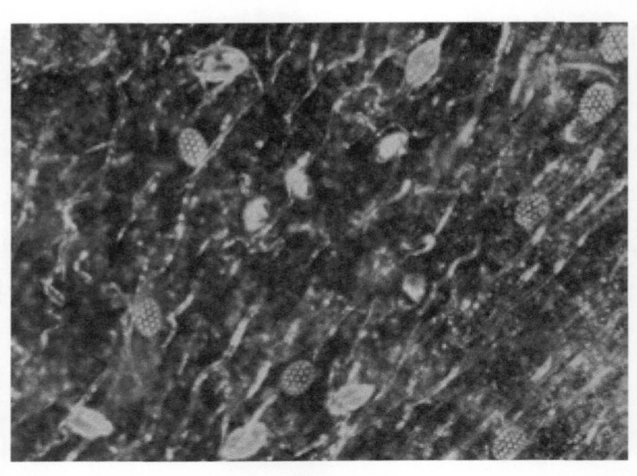

茶跗线螨各虫态

55. 神泽叶螨

分布及为害　神泽叶螨（*Tetranychus kanzawai* Kishida）又名茶叶螨、茶红蜘蛛，多食性害虫，分布广，是一种重要的农业害虫。刺吸为害芽叶，受害部分明显黄化，嫩叶从叶尖始变褐色，最后脱落。老叶受害后背面变褐并凹陷，叶面隆起褪色，被害处稍黄，同时附有白粉状蜕皮壳。发生严重时引起落叶和枝梢枯死。

识别特征　雌成螨椭圆至卵圆形，体长约 0.4 mm，红至深红色。雄螨菱状卵圆形，长约 0.34 mm，体色淡红或淡红黄色。卵球形，径约 0.10 mm，初产近透明，孵化前淡红色。幼螨近圆形，长约 0.20 mm，淡黄色，有足 3 对。1 龄若螨卵圆形，暗红色，长约 0.20 mm；2 龄若螨长 0.24 mm，淡红色。

神泽叶螨为害状

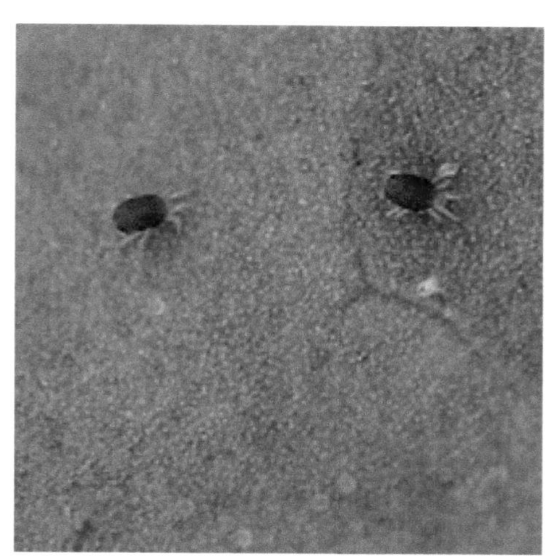

神泽叶螨成螨

生活习性　年可发生 10 ～ 20 代，世代重叠，常以春秋虫口较多，以雌成螨在茶丛老叶背越冬，在温暖地区，各虫态均能混杂越冬，在台湾中南部冬季也严重为害。越冬螨体呈朱红色，雌成螨不产卵。多栖息于叶背中部主脉附近凹陷不平处，茶树生长季多在茶丛采摘面，冬季则在茶丛下部和内部叶片处。春季雌螨由朱红转红色开始产卵。两性生殖，亦营孤雌生殖。雌成螨产卵量随温度升高而增加，25℃时有效卵量最大。一般每雌产卵 40 ～ 50 粒。幼螨爬动缓慢，借助风、雨或人、畜携带进行远距离传播。神泽叶螨发生的适宜温度 20 ～ 25℃，相对湿度 65% ～ 75%，少雨的情况下发生。温度过高或过低均不利于繁衍发生，特别是暴风雨的抑制。

防治方法　参照茶橙瘿螨。

56．咖啡小爪螨

分布及为害　咖啡小爪螨（*Oligonychus coffeas* Nietner）又名茶红蜘蛛，是南方茶区的重要害螨。该螨以成螨和幼若螨在成叶和老叶叶面刺吸为害，被害叶局部变红，后呈暗红色斑，失去光泽，叶面可见许多白色卵壳和脱皮壳，细看可见小红点（红色虫体），晨露时叶面可见一层细微的蛛丝，后期叶质硬化脱落，影响茶树生长和茶叶产量。

识别特征　雌成螨紫红色、宽椭圆形，体长约 0.5 mm，腹端钝圆，头胸部红色，腹部暗红至紫褐色；雄成螨菱形，深红色，体长 0.4 mm，腹端较狭锐；体背隆起，有 4 列纵行细毛，各 6 ～ 7 根，共 26 根，毛较粗壮，末端尖细，毛长大于毛间横距；足 4 对。若螨比成螨小，暗红色。幼螨椭圆形，初孵时鲜红色，后变暗红色，足 3 对；第 2 龄若螨长约 0.25 mm，足 4 对。卵近圆形，径约 0.11 mm，红色，孵化前淡橙色。下方扁平，上方有一白细毛。

生活习性　闽东年发生 15 代左右，世代重叠。主要为害老叶、成叶，严重时也为害嫩叶，喜阳光，一般多分布于茶丛上部叶面，营两性生殖，也营孤雌生殖，成螨有持续孕卵和产卵的习性，卵散产于叶正面且以主、侧脉及凹陷处为多，成螨和幼若螨均善爬行转移，1 d 内可转移 2 ～ 3 个枝梢，随落叶坠地仍可爬回树上。且能吐丝下垂，随风力吹散蔓延，人、畜携带或苗木运输均能帮助传播，当气候寒冷时，常在叶面吐丝结网匿栖。该螨的发生消长与降雨量和气温有关，一般春后雨量充沛，气温渐增，虫口下降，到了炎热的夏天，仅少量虫口留在茶丛中下部荫蔽处，而遮阴茶园发生严重，秋季气温下降，气候较干燥，虫口数量又逐渐回升，秋末至早春是该螨的为害盛期。

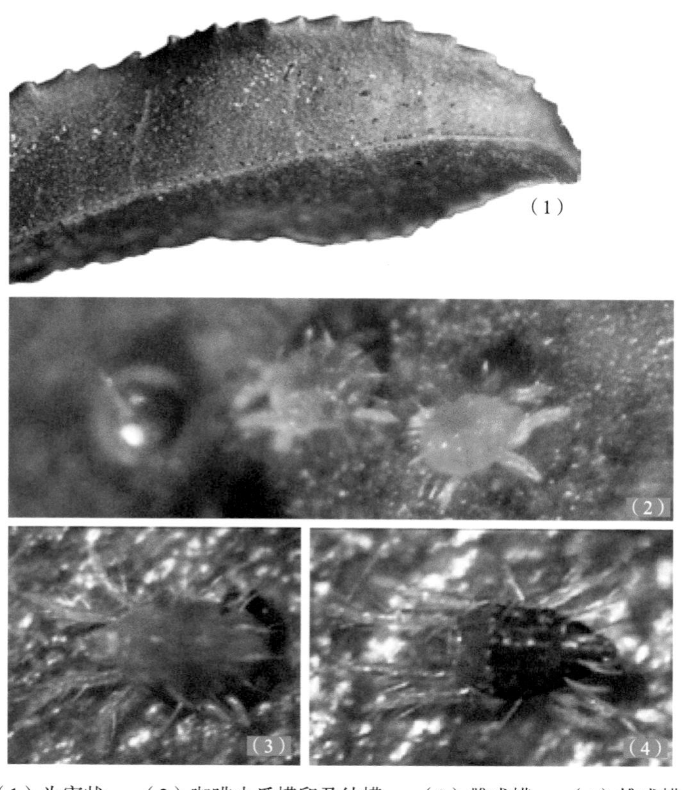

（1）为害状　（2）咖啡小爪螨卵及幼螨　（3）雌成螨　（4）雄成螨

咖啡小爪螨

防治方法 （1）农业防治。秋冬季注意防旱，以抑制此螨的发生；结合耕作、肥管，埋毁落叶以减少螨源。（2）药剂防治。发生高峰期前进行喷药防治，注意选用能杀卵的化学农药或 10 d 后再喷 1 次，以杀除新孵化的幼螨，药剂可参考茶橙瘿螨。非采摘茶园和采摘茶园秋茶结束后，可喷施波美 0.5 度石硫合剂。注意务必同时喷湿叶背。

57. 卵形短须螨

分布及为害 卵形短须螨（*Brevipalpus obovatus* Donnadieu）又名茶短须螨，分布广，在福建茶区局部茶园发生。以成螨、幼若螨刺吸成叶或老叶汁液，致使叶片失去光泽，叶背常有紫色斑块，主脉及叶柄暗紫，后期叶柄霉烂；为害严重时，引起大量落叶，树势衰弱，茶叶产量锐减。

识别特征 雌成螨体鲜红至暗红色，近倒卵形，体长约 0.3 mm，足 4 对，色淡，体背有不规则黑色斑纹，背毛 12 对，雄螨体较小，尾部较尖呈楔形，长约 0.25 mm。幼螨初孵时近圆形，鲜红色，长约 0.08 ～ 0.10 mm，足 3 对，腹末有毛 3 对，中间 1 对呈刚毛状，另 2 对呈匙形。若螨体背面开始出现不规则形黑斑，形似成螨，橙红色，腹末较成螨钝，有 3 对呈匙形毛，足 4 对，眼点渐显。卵椭圆形，鲜红色，长径分别为 0.08 ～ 0.11 mm 和 0.08 mm，光滑，鲜红至橘红色，孵化前渐变蜡白色。孵化后卵壳半透明，白色。

生活习性 在闽东年发生 10 代左右。主要以雌螨群集在土下 1 ～ 6 cm 茶树根颈部越冬，少数在叶背、腋芽及落叶中越冬，翌年 4 月，开始往叶片迁移，雄螨少见，多数为雌螨，多行孤雌生殖，卵多散产于叶背，主要栖息于叶背主脉两侧为害，以茶丛中部最多，下部次之，但盛发期则向上发展。刺吸为害使叶片主脉两侧及叶柄产生霉斑或霉烂，发生严重的茶园，在该螨发生高峰期，茶树会大量落叶。由于成螨寿命长、产卵期长，各虫态发育速度快，因此，世代重叠严重，茶短须螨的消长与气候有着密切的关系，适宜在24～30℃、干旱少雨的条件下发生，全年以7～9月份高温干旱季节为害严重。

卵形短须螨为害状

防治方法　（1）农业防治。做好茶园抗旱工作，以抑制此螨发生；秋茶采摘后及时清除茶园落叶，耕翻根颈部土壤，用45%石硫合剂晶体250～300倍液喷雾清园，压低越冬螨口基数。（2）药剂防治在害螨发生高峰前选用99%矿物油乳油100～150倍液、棉油皂50倍液、20%四螨嗪悬浮剂1 000～1 500倍液、

20% 哒螨酮或 15% 灭螨灵乳油 2 000 ～ 3 000 倍液、73% 克螨特乳油 2 000 倍液，或 25% 喹硫磷乳油 1 000 ～ 1 500 倍液等喷雾防治。优先选用内吸性杀螨剂，或选用能同时杀卵的杀螨剂，或全株均匀喷雾，注意务必重点喷湿叶背，7 d 左右再喷 1 次，以提高防效；非采摘茶园可喷施石硫合剂。

58．六点始叶螨

分布与为害　六点始叶螨 [*Eotetranychus sexmaculatus* (Riley)] 俗名茶黄蜘蛛，普遍分布于福建茶区。以成螨、幼若螨在叶片叶背侧脉间刺吸为害，被害处褐变、失绿变黄，后凹陷，叶片局部扭曲。

识别特征　成螨体淡橙黄色，椭圆形，长 0.4 ~ 0.5 mm，足 4 对，体背面近第二对足处各有红点一个，于前足体段与后足体段间及末体段两侧各有一对褐色斑块。幼螨体淡黄色，足 3 对，若螨足 4 对，卵淡黄色，球形，表面光滑，有光泽。

成叶叶背为害状

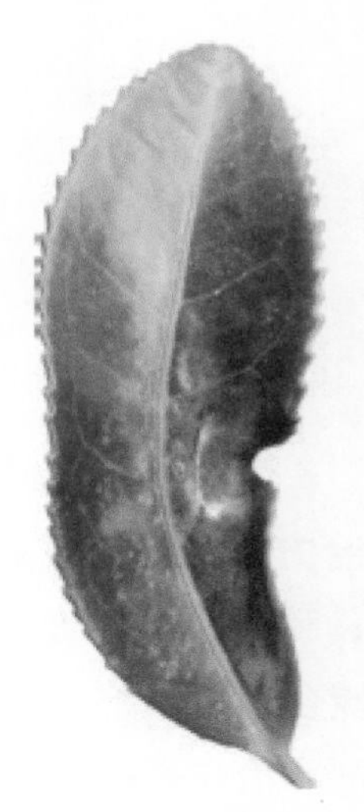

嫩叶叶面为害状

卵、幼螨及成螨

生活习性　年发生多代，重叠发生，在闽东全年可见各虫态。春茶期为害上部嫩叶，夏季多数在茶丛中下部叶背，秋季虫口上移，冬季又下移至茶丛下部叶背越冬。成螨产卵、幼若螨脱皮于被害处，虫量大时常可见许多白色细小的卵壳和脱皮壳以及稀细的蛛丝。

防治方法　参照茶橙瘿螨。

59. 茶枝镰蛾

分布及为害　茶枝镰蛾（*Casmara patrona* Meyrick）又名茶蛀梗虫、茶枝蛀蛾、油茶蛀茎虫，普遍分布各茶区。在福建为害成龄茶园为主，一般零星为害茶树部分枝条，未造成断行。幼虫蛀食枝条常至主干，初期枝上芽叶停止生长，后蛀枝中空部位以上的枝叶全部枯死。

形态特征　成虫体褐色，前翅近长方形，沿前缘基部 2/5 至顶角处有 1 条红色带纹，从顶角后缘前端伸出三角形的黑色斑纹，其后有被白色线纹分割的 2 个黑褐色斑纹，近基部有红褐色斑块。幼虫体细长，成长幼虫体长 25 ～ 30 mm，体白色，头黄褐色，前胸及中胸背板骨化，上有乳白色隆起肉瘤，腹部末端背板黑色。

（1）茶枝镰蛾为害状　（2）幼虫　（3）蛹　（4）成虫

茶枝镰蛾

生活习性　年发生1代。在闽东冬季幼虫在蛀枝内继续取食，翌年3月下旬开始化蛹，4月下旬化蛹盛期，成虫始见，5月中下旬为成虫盛期。卵5月中旬开始孵化，6月上、中旬盛期。成虫夜晚活动，有趋光性。卵单粒散产，多产于嫩梢二三叶节间。幼虫蛀入嫩梢数天后，上方芽叶枯萎，3龄后蛀入枝干内，终至近地处。蛀道光滑且较直，每隔一定距离向荫面咬穿近圆形排泄孔，孔内下方积絮状残屑，下方叶片或地面散积暗黄色短柱形粪粒。虫体能在蛀道内掉头，化蛹时幼虫多回到树高1/2～2/3处，咬一直径4 mm左右的椭圆形羽化孔，结丝膜封孔后化蛹于孔内下方丝絮中。

防治方法　（1）灯光诱杀。在成虫羽化盛期，灯光诱杀成虫。（2）人工防治。从最下一个排泄孔下方16.5 cm处，剪除虫枝并杀死枝内幼虫、蛹。（3）药剂防治。在发生季节晴天中午检查有嫩梢有萎凋症状的大枝条，用脱脂棉蘸80%敌敌畏乳油40～50倍液塞进虫孔后用泥封住，可毒杀幼虫。

60．茶吉丁虫

分布及为害　茶吉丁虫（*Agrilus* sp.）分布于长江以南，在福建茶区以闽北局部茶园为害严重。幼虫蛀害枝干，严重时其叶片呈紫铜色，易脱落，严重影响树势；成虫咬食叶片为害，影响茶叶产量和品质。

识别特征　成虫蓝黑色，雄虫体长8～10 mm，雌虫体长10～12 mm；头顶凹陷处红色，前胸背横向凹陷前红色，凹陷后青灰色；鞘翅基部青蓝色，末端青灰色，前缘中央有金色斑。卵椭圆形，长1.2 mm。幼虫淡黄色，长18～25 mm，末端黑色，钳状。蛹长7～10 mm。

生活习性　年发生1代。在福建幼虫冬季仍取食；春分开始化蛹，谷雨开始羽化，立夏后开始产卵，芒种后开始孵化。卵产在枝皮粗糙或有裂缝处。幼虫从皮层下蛀入根 30 ～ 60 mm，再上蛀木质部至茎的近地面处化蛹。被害枝干因受刺激使表皮于翌年肿大隆起，状如藤蔓缠绕。成虫晴午活泼，但飞翔能力不强，有假死性。成虫咀食叶片，由叶尖或叶沿开始，形成波浪状的缺刻。

（1）茶吉丁虫茎部为害状 （2）根部为害状 （3）叶部为害状 （4）成虫

茶吉丁虫

防治方法　（1）人工防治。在羽化前剪除虫蛹枯枝，早晨、黄昏、阴雨天捕杀成虫；（2）药剂防治。幼虫孵化后到幼虫未钻入木质部之前，采用内吸性杀虫剂，用毛笔蘸涂在刻痕和环形蛀道；幼虫钻入木质部之后，在幼虫为害处用脱脂棉蘸 80% 敌敌畏乳油 40 ～ 50 倍液塞进虫孔后用泥封住，可毒杀幼虫。或参照甲虫类害虫施药喷杀成虫。

61．茶天牛

分布及为害　茶天牛（*Aeolesthes induta* Newman）又名楝树天牛，主要分布于淮河以南，是老茶园常见的蛀干害虫，多食性，还为害其他林木。幼虫蛀食茶树主根、根茆及附近主干，致树势衰弱。

识别特征　成虫体长约 30 mm，灰褐色，有光泽，生有褐色密短毛。头顶中央具 1 条纵脊。复眼黑色，两复眼在头顶几乎相接。复眼后方具 1 短且浅的沟。触角中、上部各节端部向外突并生 1 小刺。雌虫触角与体长相近。雄虫触角为体长近 2 倍，前胸宽于长，前端略狭，中部膨大，两侧近弧形，背面具皱，小盾片末端钝圆，鞘翅上具浅褐色密集的绢丝状绒毛，绒毛具光泽，排列成不规则方形，似花纹。卵长 4 mm 左右，宽约 2 mm，长椭圆形，乳白色。末龄幼虫体长 37 ～ 52 mm，圆筒形，头浅黄色，胸部、腹部乳白色，前胸宽大，硬皮板前端生黄褐色斑块 4 个，后缘生有一横纹，中胸、后胸、1 ～ 7腹节背面中央生有肉瘤状凸起。蛹长 25 ～ 30 mm，乳白色至浅赭色。

生活习性　一般 1 ～ 2 年发生 1 代，以幼虫或成虫在主根、根茆或主干内越冬。在福建年发生 1 代，以幼虫或成虫在主干内越冬，成虫谷雨出现，立夏盛发。出土时，沿蛀道向上爬至近土表处咬一孔爬出或者就在原排泄孔钻出，出土时间多在夜间和清晨活动。出土后，沿枝干上爬至茶丛顶端，稍待片刻，便开始飞翔活动，但飞翔力不强。具趋光性。成虫多选择外露根部或主干上产卵，产卵时先用口器咬破皮层，再将产卵管插入产卵，卵单产，通常每丛茶丛仅产1粒，产完即离开。每只雌虫一生能产卵14～31粒。幼虫孵化后，蛀入主干或根颈部取食，初时向上取食，约蛀4～8 cm后，转头向下蛀入根部，取食后有木屑及虫粪排出树外，堆积于主干侧。蛀道一般都在25 cm以上。幼虫老熟后，往往向上爬至近土表的根内或根颈处的蛀道内化蛹。

（1）茶天牛幼虫及其为害状　（2）排泄孔外堆积的木屑　（3）成虫

茶天牛

防治方法　（1）灯光诱杀。羽化初期，用诱虫灯诱杀成虫。（2）药剂防治。幼虫为害期用脱脂棉蘸 80% 敌敌畏乳油 100 倍液，塞进虫孔毒杀幼虫；在成虫初发期喷涂地上 45 cm 的主干，防止茶天牛产卵；在成虫盛发期喷施 25 g/L 溴氰菊酯 2 250 ～ 4 500 倍液防治。

62. 其他钻蛀性害虫

福建茶区茶树修剪与台刈更新等较频繁，不利于钻蛀性害虫的发生，仅局部老茶园或失管茶园发生稍多。常见的钻蛀性害虫还有蛾类的茶梢蛾（*Parametriotes theae* Kuz）、茶豹蠹蛾（*Zeuzera coffeae* Nietner）、茶堆沙蛀蛾（*Linoclostis gonnatias* Meyrick），天牛类的茶红翅天牛（*Erythrus blairi* Gresitt）、黑跗眼天牛（*Chreonoma atritarsis* Pic）、柑橘锯天牛（*Priotyrranus closteroides* Thomson）等。茶梢蛾潜食叶肉、蛀食嫩梢，使枝梢枯萎，被害枝梢上有蛀孔，孔口粘有虫粪，及时采摘可减少为害。茶豹蠹蛾以幼虫在枝干内蛀食为害，使被害处上方枝叶枯死，被害枝条常有数个出入孔，颗粒形木屑状虫粪堆集在下方地面。茶堆沙蛀蛾以幼虫叠叶取食叶背叶肉，后啃食皮层并蛀枝，使茶树枝梢枯死，被害枝在蛀洞外吐丝结缀木屑及黄褐色虫粪成堆砂状虫袋，附着在被害处周围。黑跗眼天牛俗称结节虫，以幼虫蛀害皮层为害，蛀害处肿成节瘤，上方逐渐枯死，受害处易折断。茶红翅天牛以幼虫蛀食枝干为害，从梢蛀入，直至枝干，并转蛀侧枝，使受害处上方枝叶枯死，被害处易断，断口木屑丝状。其他天牛一般为害较粗枝条或直至粗根。对于为害茶梢枝干的钻蛀性害虫，剪除虫梢或枝干并烧毁可有效防治。

茶豹蠹蛾幼虫

茶梢蛾蛀孔

黑跗眼天牛

白星天牛

八仙锈天牛

柑橘锯天牛

63．铜绿金龟甲

金龟甲是鞘翅目金龟总科昆虫的总称，幼虫统称蛴螬，以金龟子名称为人们所熟悉，种类多，食性杂，分布普遍，在成虫阶段茶园常见，一般在成龄茶园发生量少，为害性小，不需专门防治。金龟甲生活习性和为害性相似，各地的优势种不一。在福建，铜绿金龟甲（*Anomala corpulenta* Motsch）在严重发生年份局部幼龄茶园严重死株断行。

分布及为害　分布广。成虫咬食叶片，幼虫（蛴螬）啃食根系和土中枝干皮层，严重时可将幼苗主根咬断，造成茶苗死亡，幼龄茶园缺株断行。多食性，可为害多种苗木和作物。

识别特征　成虫体椭圆形，长 17 ～ 21 mm。额及胸背面浓绿色，前胸背板两侧边缘黄色，鞘翅铜绿色，有光泽。体腹面黄褐色。卵白色，椭圆形。幼虫头部黄褐色，密布刻点。体乳黄白色，腹末可透见泥黑色，肛门呈“一”字形横裂，其前方散生排列整齐的刚毛，14 ～ 15 对。成长后体长 29 ～ 33 mm。蛹长椭圆形，长 18 ～ 21 mm，淡黄至黄褐色。

生活习性　一年发生 1 代，以幼虫在土中越冬，幼虫翌年 3 ～ 4 月开始为害茶苗，老熟后在土中化蛹。成虫发生不整齐，在闽东 5 ～ 6 月间成虫盛发，成虫日间潜伏在表土或叶层，黄昏后活动为害，以无风闷热的夜晚活动最盛，有趋光性和假死性。卵散产在土中。幼虫土栖 10 ～ 30 cm 深耕作层，冬季和夏季下移，温暖季节上升至土表活动，以茶根、草根和腐殖质为食，幼龄茶园可取食土表下 5 ～ 10 cm 下枝条或主干皮层。一般在湿润、疏松、有机质丰富的土壤发生多，新建幼龄茶园根部埋草或土炭能诱发为害，豆类、花生间作也易招致为害。

防治方法　（1）农业防治。新建茶园有机底肥宜深施；幼龄

茶园种植沟不宜过早回填，以免幼虫上升到表土为害枝干皮层；耕翻捕杀幼虫。（2）灯光诱杀。在成虫发生盛期灯光诱杀。（3）药剂防治。沟施毒土覆土，每 667 m^2 茶园用 50% 辛硫磷 100 ～ 150 g 拌 150 ～ 200 kg 细土；在成虫发生期，每 667 m^2 叶面喷施 80% 敌敌畏乳油或 50% 辛硫磷乳油 1 000 ～ 1 500 倍液，或 2.5% 溴氰菊酯乳油 6 000 倍液。

蛴螬为害状

蛴　螬

铜绿金龟甲

第三篇　茶树害虫天敌

64. 白僵菌

白僵菌是茶园常见虫生真菌之一，可寄生茶毛虫、卷叶蛾、象甲成虫、叶蝉、螨类等，湿度较高的茶园或雨季常致白僵菌流行。一般温度 24 ～ 28℃、相对湿度 90% 以上时较适宜白僵菌生长发育，繁殖体分生孢子在土中可存活 3 个月，在虫体上可存活半年，在干燥条件下可存活 5 年，借风、气流等传播，在合适温湿条件下，即可发芽直接侵入昆虫体内大量增殖侵害虫体，被侵染害虫僵死，以后菌丝穿出体表，产生白粉状分生孢子，称为白僵虫。

白僵菌寄生尺蠖幼虫

白僵菌寄生卷叶蛾幼虫

白僵菌寄生卷叶蛾蛹

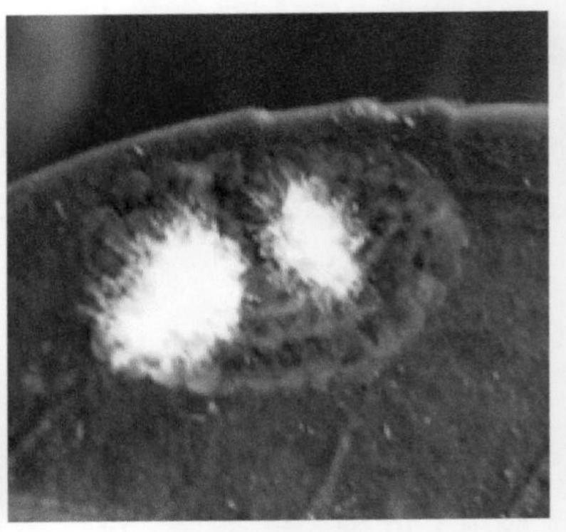
白僵菌寄生卷叶蛾卵块

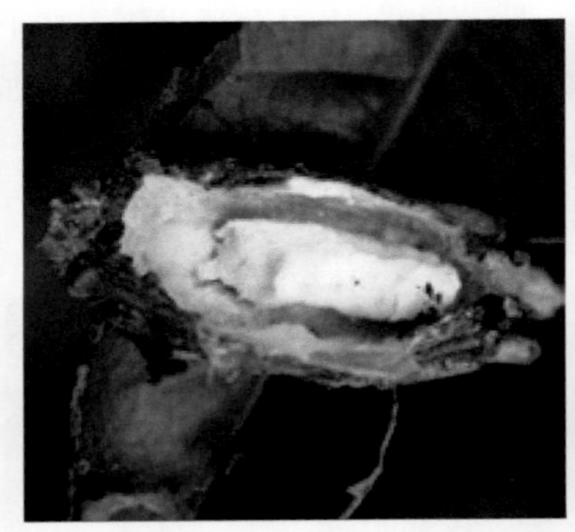
白僵菌寄生茶蓑蛾幼虫

白僵菌寄生茶丽纹象甲

65. 芽孢杆菌

芽孢杆菌包括青虫菌、杀螟杆菌、苏云金杆菌等，是一种昆虫病原细菌，温度 27 ～ 32℃时适宜生长繁殖，繁殖体为芽孢，在茶园借风、虫等传播，茶毛虫等蛾类幼虫被芽孢侵染或食入病菌生长过程中产生的毒素后 2 ～ 4 d 出现食欲减退、吐泻、瘫痪，直至软化、伸展式腐烂死亡，虫尸脓化变为黑褐色，表皮常破裂流出暗色腥臭脓液，芽孢继续扩散侵染。

细菌感染斜纹夜蛾幼虫

66. 病　毒

已发现有茶毛虫、茶尺蠖、油桐尺蠖、扁刺蛾、茶蚕、茶小卷叶蛾等致病病毒，病毒专一寄生性很强，不同害虫的病毒病不能相互感染，蛾类幼虫被病毒粒子侵染罹病后，食欲减退，行动迟缓，进而瘫痪溃疡，化脓死亡。死前常以臀足或腹足紧握枝叶，虫尸倒挂下垂。死虫体肤脆薄乳白，易破裂流出脓液，病毒粒子再行扩散感染，或表皮完整直至干缩，病毒感染的死虫脓液无异臭。气温多变，高温高湿，害虫食料不足，特别在虫口密度较大时，易于诱发病毒病的突发和流行。病原微生物感染致死的虫尸收集冷藏可再利用于喷雾防治目标害虫。

油桐尺蠖感染病毒病

67. 寄生蜂

茶园寄生蜂多达24科200余种，系专营寄生性生活的食虫昆虫，是许多害虫的一大类寄生性天敌，常见的主要有姬蜂科、茧蜂科、蚜茧蜂科、小蜂科、跳小蜂科、蚜小蜂科、赤眼科和黑卵蜂科等寄生蜂。寄生蜂将卵产于寄主昆虫的体内或体外，进行内寄生或外寄生，吸食、消耗寄主养分，完成自身发育，造成寄主死亡。不同寄生蜂寄生昆虫的卵、幼虫和蛹等阶段，外寄生种类以幼虫附着于寄主体表取食并完成生命周期，内寄生种类有的在寄主体内化蛹，羽化时咬破寄主体壁爬出体外，有的在幼虫成熟时钻出寄主体外结茧化蛹。有的种类可进行多卵寄生或多胚生殖，在单个寄主上产生多个后代个体。

松毛虫赤眼蜂寄生卷叶蛾卵

广大腿小蜂寄生茶银尺蠖

广大腿小蜂寄生茶蓑蛾

茶尺蠖绒茧蜂

68. 寄蝇与捕食蝇

寄生蝇有寄蝇科、头蝇科、麻蝇科等，寄蝇、麻蝇外形像家蝇，身体多毛，体色一般较灰暗，头蝇则头部极大，呈球形或半球形，复眼占据头的大部。成虫将卵生卵或胎生幼虫产于寄主体外、体表或体内，以幼虫营寄生性生活，成虫自由生活，常白天活动，主要吸食植物的汁液和花蜜，少数取食腐烂的有机物或如蜜露等动物排泄物。捕食蝇主要有食蚜蝇科和斑腹蝇科，常具黄、橙、灰白等鲜艳色彩的斑纹，某些种类则有蓝、绿、铜等金属色，外观似蜂。捕食蝇成虫将卵产在寄主群体内，幼虫就近搜索取食，有些种类成虫期也能捕食，有些种类可捕食多种害虫。

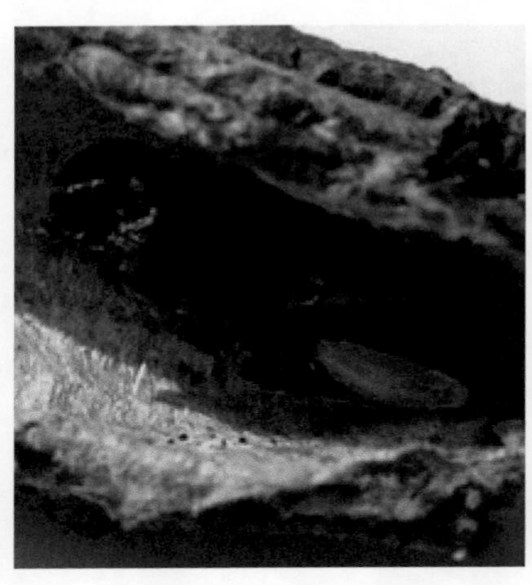

茶蓑蛾寄蝇取食茶蓑蛾

茶蓑蛾寄蝇成虫

食蚜蝇幼虫取食茶蚜

黑带食蚜蝇

斑眼食蚜蝇

宽带细腹蚜蝇

三带蜂蚜蝇

69. 草　蛉

草蛉属脉翅目草蛉科，能大量捕食茶蚜、粉虱、叶蝉、蚧类、螨类以及蛾类幼虫及卵，有“蚜狮”之称。卵多产在植物的叶片、枝梢、树皮上，单粒散产或集聚成束，基部有一丝质的长卵柄，有些种类的幼虫有背负枝叶碎片或猎物残骸的习性，容易识别。

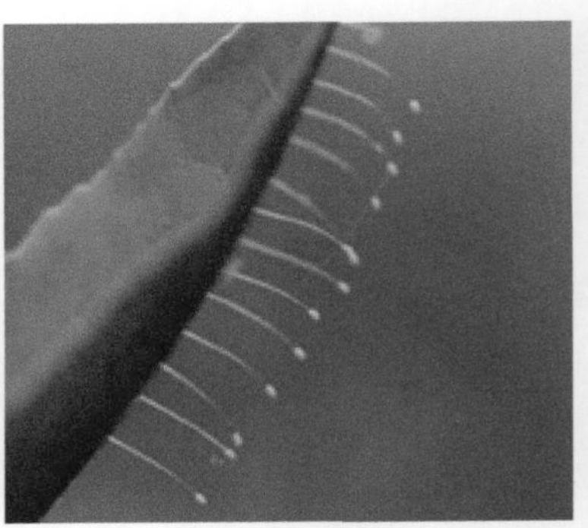

草蛉卵

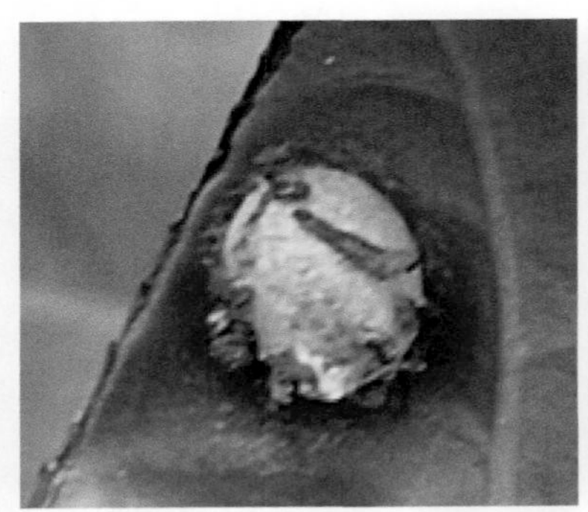

草蛉茧

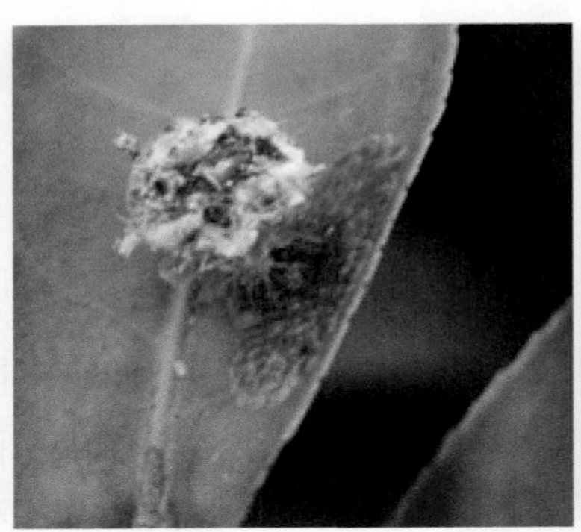

草蛉幼虫取食茶卷叶蛾卵块

草蛉幼虫捕食茶蚜

草蛉幼虫捕食吹绵蚧

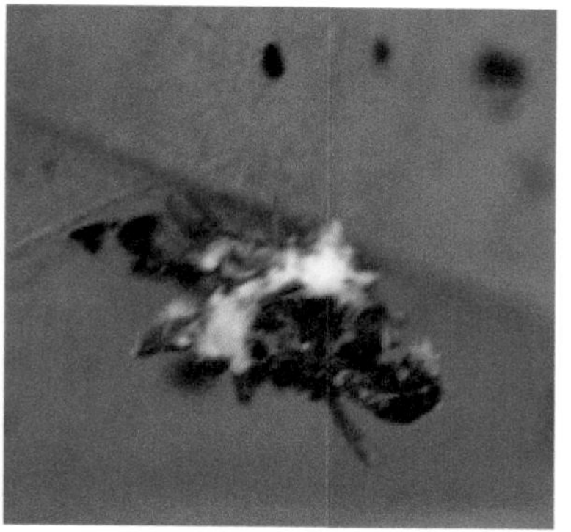

草蛉幼虫取食黑刺粉虱若虫

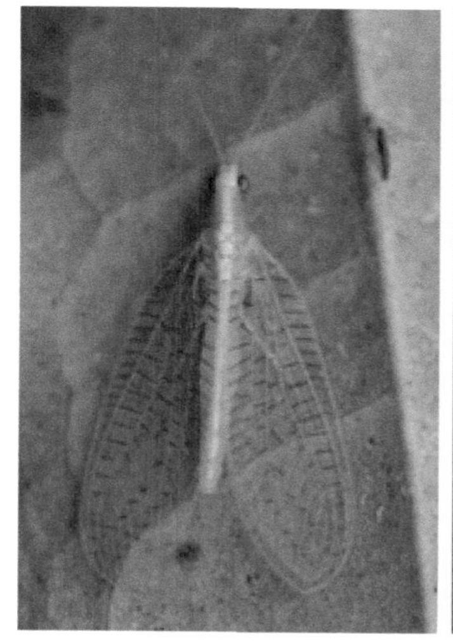

大草蛉

八斑绢草蛉

70. 瓢　虫

瓢虫科大多数是捕食性种类，主要捕食蚜虫、介壳虫、粉虱、叶螨等害虫，也有少数以真菌为食。一般瓢虫呈半球形，色斑鲜明，有些瓢虫如龟纹瓢虫和异色瓢虫等多变种。我国已知瓢虫有

700 多种，部分种类对控制害虫有显著的作用，引进移殖瓢虫成为一种重要的生防措施。

七星瓢虫幼虫

七星瓢虫蛹

七星瓢虫成虫

大红瓢虫幼虫

大红瓢虫蛹

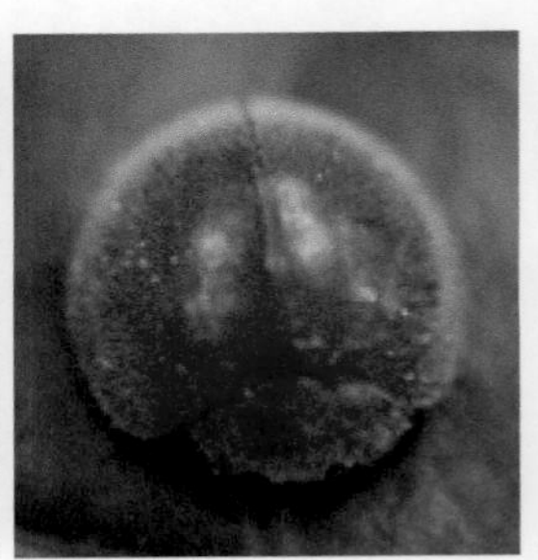

大红瓢虫成虫

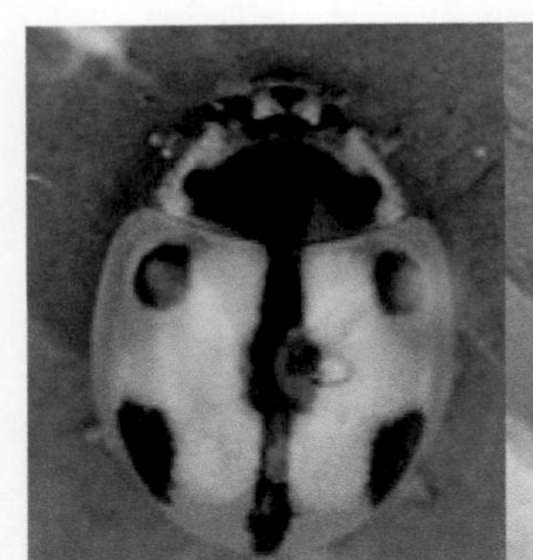

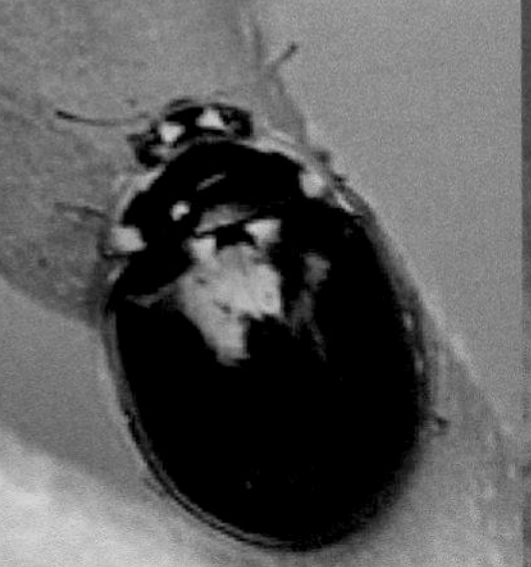

龟纹瓢虫成虫

红肩瓢虫蛹

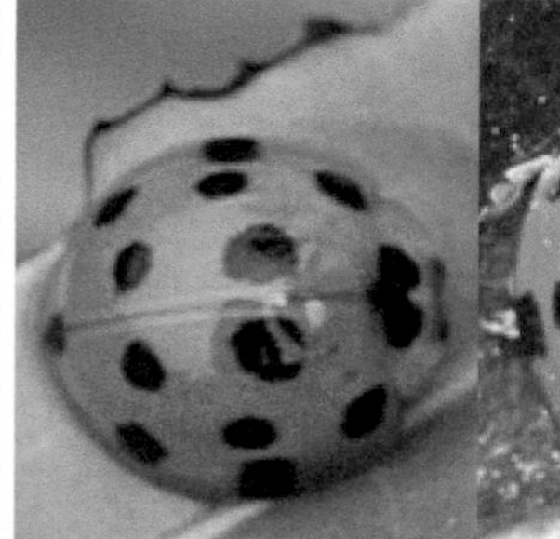

红肩瓢虫蛹成虫

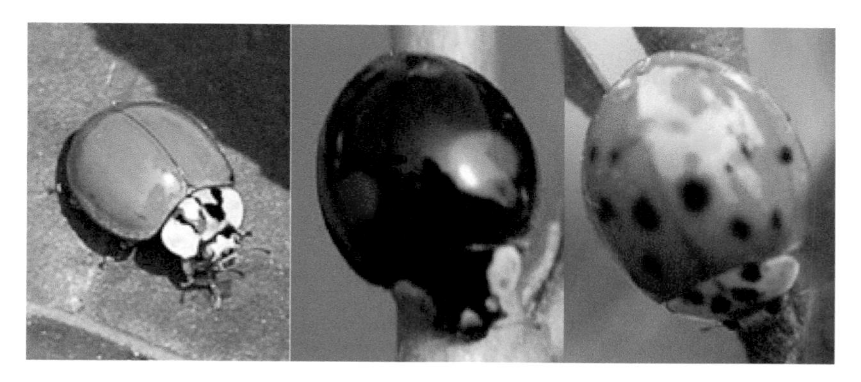

异色瓢虫成虫

异色瓢虫成虫

四斑广盾瓢虫

四斑月瓢虫

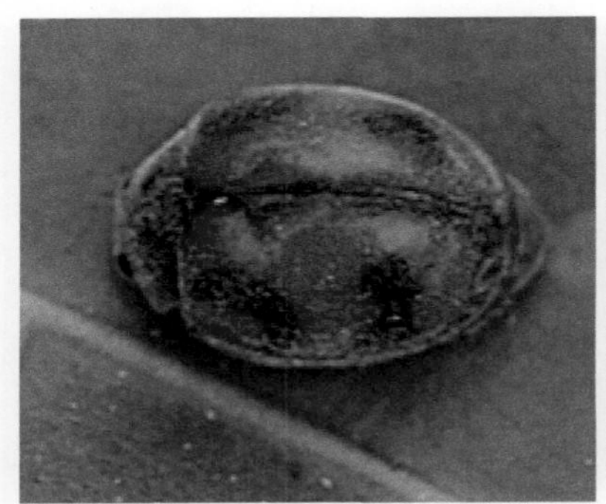

澳洲瓢虫

红点唇瓢虫

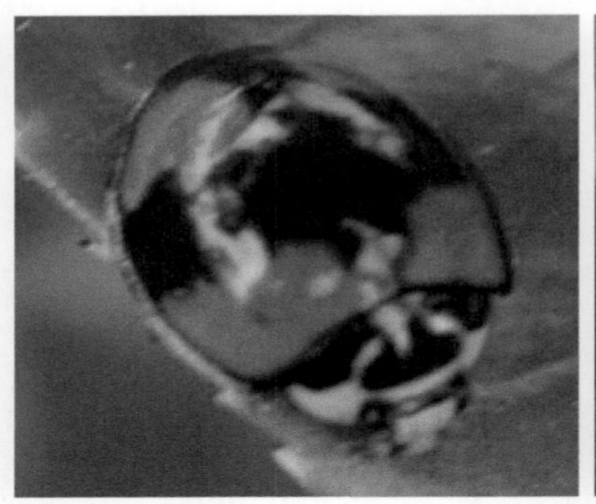

六斑月瓢虫

十斑大瓢虫

陕西素菌瓢虫

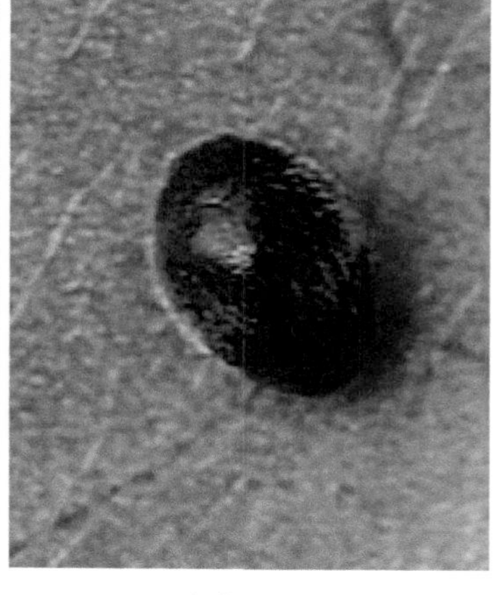
深点食螨瓢虫

71．食虫蝽

半翅目异翅亚目（蝽）也是重要的经济昆虫，茶园常见各种蝽，为害茶树的种类很少，其中，大量是肉食性种类。茶园食虫蝽主要有猎蝽科、姬蝽科、花蝽科、盲蝽科等，可捕食蚜、粉虱、蛾类幼虫、螨、甲虫等。

猎蝽若虫捕食茶银尺蠖幼虫

猎蝽若虫捕食油桐尺蠖幼虫

三色长蝽取食卵

彩纹猎蝽捕食茶尺蠖幼虫

多变嗯猎蝽象若虫取食蚜虫

多变嗯猎蝽象成虫

茶褐猎蝽

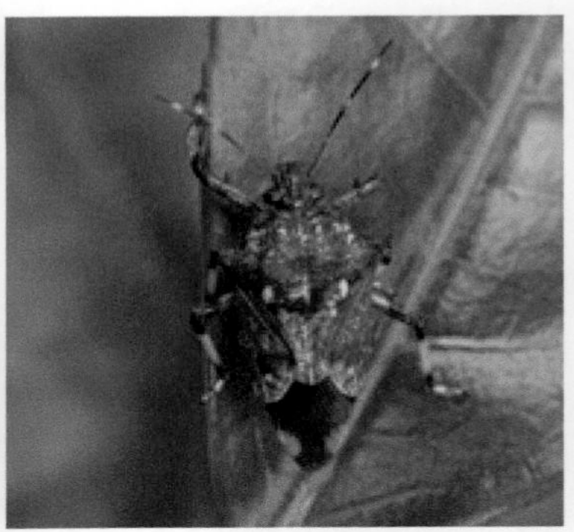
海南蝽

72．虎甲与步甲

虎甲科成虫、幼虫均为捕食性，捕猎能力强，捕食其他小昆虫或小动物。大多数种类生活于地面，成虫体色多鲜艳，常有金属光泽，鞘翅常具金色条纹或斑点，在阳光下最活跃，有时停止于路面或作短距离低飞，飞行迅速，有“拦路虎”或“导路虫”之称。幼虫穴居于洞口狩猎，把猎物拖入洞中取食。步甲科大多为捕食性，成虫、幼虫均能捕食，捕食多种蛾类幼虫、茶蚜等，行动敏捷，捕食量大。成虫色泽幽暗，多为黑色、褐色，常带金属光泽，少数色鲜艳，有黄色花斑，体表有不同形状的微细刻纹。成虫不善飞翔，多在地表活动，或在土中挖掘隧道，喜潮湿土壤或靠近水源的地方，白天一般隐藏，有趋光性和假死现象。

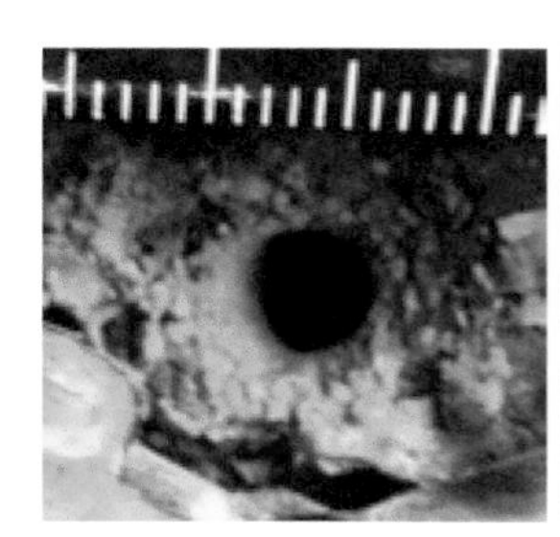

中国虎甲（土穴、幼虫、成虫）

金斑虎甲　　星斑虎甲

纵纹虎甲

双斑青步甲

73. 螳　螂

螳螂为肉食性，凶猛好斗，能猎捕各类昆虫，茶园中常有多种。

宽腹螳螂捕食茶尺蠖

宽腹螳螂若虫捕蝇

丽眼斑螳

主要参考文献

[1] 福建省农业科学院茶叶研究所. 1979. 茶树病虫害防治[M]. 福州: 福建人民出版社.

[2] 陈宗懋, 陈雪芬. 1990. 茶树病害的诊断和防治[M]. 上海: 上海科学技术出版社.

[3] 张汉鹄, 谭济才. 2004. 中国茶树害虫及其无公害治理[M]. 合肥: 安徽科学技术出版社.

[4] 中国科学院动物研究所, 浙江农业大学. 1980. 天敌昆虫图册[M]. 北京: 科学出版社.

[5] 任顺祥, 王兴民, 庞虹. 2009. 中国瓢虫原色图鉴[M]. 北京: 科学出版社.